U0151525

一叶茶千夜话

咪咕 著

中国轻工业出版社

《一叶茶千夜话》
让我走读万里茶路

感谢咪咕文化邀请本人作为本纪录片和本书的审稿专家，让我有幸成为新作《一叶茶千夜话》最先的观众和读者。

总结2021年对这部纪录片以及本书的审阅，总结出《一叶茶千夜话》有以下四个特点：

1. 代表性：这部系列片包含了代表性茶类：西湖龙井，湖州唐代的紫笋茶，武夷山正山小种、福鼎白茶、日本抹茶、马拉维茶和印度红茶等。

2. 广泛性：茶产品从纯茶、复配茶、茶与餐、茶饮料等多方面的记录和介绍相关的任务和故事；拍摄对象的年龄也是跨越了几代人，反映茶的多元性和传承性。

3. 国际性：纪录片在全球许多产茶国和非产茶国拍摄，包括了中国、马拉维、格鲁吉亚、日本、印度、新西兰、美国、阿联酋等，充分反映出茶已经成为全球性健康饮料，受到全世界人们的喜爱。

4. 严谨性：本纪录片为实地拍摄，记录了代表性人物背后的故事和人物本身的品德，传播了正能量的思想，所用文字进行了很好的斟酌与考量。

非常希望这部作品的播出和本书的出版能够让全世界更多的人爱上茶，因为茶而更加富裕，美好和健康。

屠幼英

2022.2.6 于杭州

序言

茶是中国带给世界的最神奇的礼物，它带有中华文明的显著印记，有着上千年的历史传统，也成为一种代代相传的生活方式。

在《一叶茶千夜话》系列纪录片中，我们希望从茶本身出发，去发现那些不同寻常的故事，故事里的人们为茶奉献了一生，这当中，有平凡的茶农，有受人尊敬的制茶名家，有具有影响力的品茶师，也有大胆开拓的茶业先驱。我们探索了茶的历史与文化，试图定位茶在当代社会中的角色，同时我们也想要了解，一直以来，中国茶是如何影响其他国家，改变世界其他地区的生活方式的。

《一叶茶千夜话》的每一集都从不同的角度记录茶：从神圣的仪式到艺术形式，从茶的国际贸易到现代茶饮的创新，再到茶如何在变幻的市场、更新的口味、改良的技术中开拓新的未来。

在这次茶叶史诗旅程中，我们不仅了解茶、赞美茶，因其是中国和中国人的内在特质体现，我们还描绘了一幅动人的世界茶图景，展示茶对全世界的深远影响。

在本系列纪录片中，我们一起走访了美丽的中国茶区，包括云南的古茶林和杭州令人惊叹的茶园，并与中国和世界各地的众多茶艺专家对话。我们发现，从厄瓜多尔的亚马孙雨林，到非洲马拉维肥沃的丘陵，再到大西洋中偏远的亚速尔火山群岛，都有着令人称奇的浓厚的茶文化和各种引人入胜的茶故事。

我们所有的调研都显示出，茶有比饮品多得多的内涵——它塑造了我们的社会、生活习惯、信仰和习俗，也创造了商机，推动了经济发展。最重要的是，茶将人们凝聚在了一起。

茶与中英两国人民的内心都很贴近。两个国家的人都热爱茶，有着悠久的饮茶历史和独特的饮茶传统。于是，我们一起去探索那丰富而纷繁的茶和茶文化，探索它们给人们生活所带来的影响。

中国人是历史上最早种植茶叶的人，时至今日，人们仍对茶怀有深厚的崇敬之情。我们在这里拍摄了很多地方，包括据说是第一批茶树发源地的云南，还拍摄了其他一些著名的茶叶生产中心，比如福建的武夷山、浙江杭州的西湖和四川的峨眉山。

此外，我们也发现了在中国之外、流传在世界各地的精彩茶故事。虽说全球新冠肺炎疫情给摄制带来了诸多挑战，但该片的拍摄地仍然遍布六大洲的13个国家和地区。片中讲述了从格鲁吉亚到马拉维，从京都到大吉岭所发生的非凡且温暖的人与茶的故事。在美国，我们找到了充满活力的关于冷泡茶的创业故事，在新西兰，我们观察到尖端技术如何引领茶叶生产变革。但最令人惊奇的可能要数始于迪拜郊外沙漠的故事，在这片沙漠里并没有种植茶叶，但却已经成为了全球茶叶贸易的重要枢纽。

在走访这些世界不同地方的过程中，我们发现，茶为我们打开一扇门，推开一扇窗，让我们走进和了解人们的生活。从成都老茶馆里的茉莉花茶礼仪，到令人震撼的蒙古萨满仪式，从马来西亚婚礼茶上充满喜悦的泪水，到伦敦优雅的下午茶。在世界各地，了解茶，就能了解到人们的生活方式、生活重心，还能了解到他们国家的历史和文化。

茶是无名英雄，它让全世界数十亿人感受到平静与愉悦、参与社交并得到享受。茶对历史和文化演变产生的影响，已融入宗教；对许多人来说，饮茶成为了简单日常仪式感的必需品。

在《一叶茶千夜话》的系列中，茶扮演着纽带的角色，它将人们聚集在一起，享用到这神奇的饮品。对于我们今天的世界，茶的影响安静而深远。

马修·斯普林福德（Matthew Springford）
《一叶茶千夜话》执行制片人

目录
CONTENTS

深情茗记

10 FOR THE LOVE
OF TEA

对话先人   12

　茶的子孙：德昂族茶人   12

　与茶为伴：布朗族植茶   18

　循茶之典：重现顾渚紫笋蒸青茶饼   24

　应茶之召：手工茉莉花茶的传承   31

　守艺传茶：正山小种的坚守   38

　负茶而行：茶马古道上的辉煌   43

　因茶而生：宜兴紫砂壶   50

　茶敬阳光：福鼎白茶的秘密   56

结缘生活   63

　一天的念想：成都茶馆   63

　远行必备：潮汕渔民的工夫茶   69

　全年的期待：武夷山斗茶大会   76

安驻身心   84

　成茶功夫：峨眉的茶与武   84

　精神禅修：芦花庵尼师制茶   90

　心里的桃花源：现代茶会   95

茶传天涯
100 TEA TO THE END OF THE WORLD

贡献经济 102
月光茶农：大吉岭的尝试 102
荒园新生：格鲁吉亚新茶 108
岛上茶园：亚速尔群岛的风土 113
地球另一端：新西兰乌龙茶 118
全球茶叶枢纽：迪拜茶叶中心 124

生发文化 130
治愈良药：抹茶在日本 130
社交新风：英式下午茶 135
生活核心：茶在蒙古草原 140
情感承诺：槟城婚礼甜茶 145

茶香无界
150 TEA WITHOUT LIMITS

茶融百味 152
餐茶搭配：侍茶师的魔法 152
装瓶的使命：冷泡茶在美国 159
年轻的味道：珍珠奶茶的故事 165
雨林的祝福：厄瓜多尔的新潮流 171
宇宙的味道：来自东京的全新茶体验 177

拥抱时代 181
风土之味：马拉维单一庄园拼配茶 181
茶乡未来：西湖龙井探索振兴模式 188

深情茗记

FOR THE LOVE
OF TEA

对话先人

茶的子孙：
德昂族茶人

▶ 扫码观看

很久以前，还没有人类之前，有一百零二片叶子，飘到天上来。其中五十一片，变成精干的小伙子；五十一片，变成可爱美丽的小姑娘。有五十对小伙子和小姑娘飞回天里边，留下的那对，创造了人类。

赵玉月和儿子李岩所来自中国西南的偏远角落里一个很小的民族——德昂族。这是中国现存最传统的民族之一，世代生活在云南与缅甸交界的边陲。茶是德昂族人最尊崇的植物。在世间所有民族中，唯有德昂族的人相信自己是茶的子孙。茶与德昂族绵延千年的缘分，让他们至今引以为豪。

德昂族是世界上最早种植茶叶的民族之一。一天的劳作后，饮上一杯浓茶可以提神。除了喝茶，他们还"嚼"茶，甚至以茶为药。茶在德昂族的社交活动中扮演着重要角色。敬客人一杯茶，表示欢迎和祝福，走亲访友时，也会带上茶作为礼物。如果邀请朋友来吃饭，就包上一小包茶，用两根红线扎紧。家家户户以及各村庄周围都种了茶树。孩子们在茶树林中玩耍，情侣们在茶树林间约会，老人们同样在茶树林中散步。

春天来临，德昂族人开始筹备一场神圣的奉茶仪式。如何制作这种供奉神明的茶，只有为数不多的德昂族人才知道。赵玉月是其中之一，接下来的几个月，她和儿子将为神明制作这种特别的茶——酸茶。

赵玉月和儿子在采摘鲜叶

将采好的鲜叶倒在竹匾上萎凋

酸茶制作的关键阶段，需要用到一种独特的发酵方式。蒸青后的茶叶放凉、揉捻之后，要装进竹筒里压紧，封好，深埋在地下。在三到四个月，甚至长达半年的时间里，茶叶都处在一个接近恒温的环境中。这种与众不同的发酵方式世代相传，既能让茶叶更耐放，又给茶带来了一种独特的酸香味。

赵玉月指导儿子揉捻茶叶

揉捻后的茶叶装入竹筒，压实

将密封的竹筒埋入土中

发酵好的茶叶从竹筒中取出

一叶茶千夜话
ONE CUP
A THOUSAND STORIES

几个月后，茶叶重见天光。最后的制茶工序更像是人们在粗暴地叫醒茶叶——茶叶要被捶捣几个小时，然后才压制成茶饼。在古代，为了方便运输，所有的茶都会被制成茶饼，直到14世纪人们才开始冲泡散茶。压制好的酸茶茶饼会放在太阳下晒干。

茶叶在石舂内被捶捣

压好的茶饼

将茶饼剪成小块

献茶

神圣的奉茶仪式如期而至，村里的人们欢聚一堂，赵玉月带着儿子准备着祭品。村里的寺庙摆满祭坛和神龛，布置格外庄重。整个奉茶仪式最重要的部分是向神明敬献酸茶。赵玉月和儿子一起，代表所有德昂族人，将酸茶敬献给神明。德昂族人相信，是茶叶给了他们生命，当初如果没有茶叶出现，也许就没有德昂族的今天。

仪式结束后，大家来分享茶

敬献之后，全村人都来分享茶中福泽。对于德昂族人来说，茶是一切的终点，也是一切的开端，每一次啜饮，都将过去与当下相连。在这个震撼人心的瞬间，他们与祖先心意相通，感激祖先传授秘方，成就这非同寻常的饮品。

六百万年前，茶树最初出现在亚洲的这片区域。如今，这里是德昂族人的家园。茶树娇嫩的鲜叶能免受捕食者侵害，靠的是其中丰富的茶多酚和咖啡因。虽然咖啡因其实可以算作一种杀虫剂，但是，几乎全世界的人都对这些叶子的独特味道着迷不已。当人们将这些神奇的鲜叶变换成独特的饮品后，数百种茶饮也应运而生。正是茶叶的产地和种植方式，成就了茶的多种多样性和变幻无穷。

人物
谈茶

赵玉月 德昂织锦传人

　　我小的时候，才七八岁吧，跟我奶奶去采茶。现在，我已经（把制茶技术）传给我儿子。我们德昂族重视这个茶叶。我小的时候听老人讲过制茶的故事和喝茶的传统。中国和缅甸的德昂族人都喝酸茶。政府鼓励我们做一些与德昂的传统文化遗产相关的事，我家在展示德昂族的织锦。后来游客越来越多，看到了、喝到了酸茶，他们很喜欢。因为每个人做出来的茶口感都不一样，所以我决定自己做酸茶。我妈妈以前住在缅甸的仰光，见到过做酸茶。我开始自己做，最后找到了方法。如果发酵方式掌握不好，它就会腐烂。发酵好了的话，茶叶会有很清香的酸香味。

李岩所 赵玉月的儿子

　　德昂族对茶的感情是很深的。我们做酸茶的时候，就会感觉到离我们祖先比较近，回到祖先那个年代，在做他们做的东西。我相信，祖先他们在天上，看我们做这个酸茶，保留我们这些文化，会保佑我们越来越好。

INTERVIEWS

与茶为伴：
布朗族植茶

云南省景迈山

       与缅甸交壤的中国云南省境内，景迈山上的古茶林覆盖着
七千多公顷的土地。这里是布朗族的精神家园，茶叶对他们来
说如同眼睛一样珍贵。这里的茶和茶山，与这个民族的生活方
式密不可分。

每一户布朗族人都拥有自己的茶树林，而每个茶树林中种下的第一棵茶树，便成为这一片土地的茶魂树。每次采摘茶叶前，布朗族人都必须向茶魂树献祭和祈祷。人们相信，这树中住着布朗族祖先的灵魂。

玉呢正在拜祭茶魂树

两千多年前，布朗族姑娘玉呢的祖先开始在此培育野生茶树，从此，布朗族的历史，就长在树的纹理中。他们最初与茶的结缘故事，是布朗族文化的核心，也构成这个民族的身份认同。

在布朗族的传说中，艾冷是备受布朗族人崇拜和敬仰的祖先。在一次迁徙时，布朗族人感染了一种流行病。绝望之际，一位先人从附近的茶树摘下一片叶子咀嚼，不一会儿便奇迹般地康复了。他将这叶子指给首领艾冷看，艾冷便领着大家去拜这棵树，因为它是上天赐给布朗族的神物，是生命之树。

从此，布朗族便与茶有了悠久而神圣的联系，而这种联系，正是基于祖先艾冷留下的叮嘱：

我要给你们留下牛马，怕遭自然灾害死光，

要给你们留下金银财宝，你们也会吃完用光。

就给你们留下茶树吧，

让子孙后代取之不尽、用之不竭。

你们要像爱护眼睛一样爱护茶树，继承发展，一代传给一代，

绝不能让其遗失。

祖先的叮嘱在茶树中持续生长至今，茶树已经成为布朗族人的衣食来源。布朗族人在此定居后，开始培育野生茶树，并确保它们与其他树种和谐共生。布朗族是历史上最早种植茶树的民族，这不仅是记录在纸上的遗产，也是鲜活的历史记忆。采茶占据着布朗族人日常生活的一大部分，无论晴雨，他们每天都要花上几个小时采摘茶叶。

玉呢正在采茶

陈化中的普洱

如今备受世界各地喜爱的普洱茶，正是产自云南布朗族。普洱茶盛的是时间的味道，如同好酒，陈化的时间越久，味道越醇厚，有些普洱茶叶的陈化时间甚至长达百年。这当中沉淀的，不仅是漫长的时光，更是布朗族人厚重虔诚的历史信仰。

苏国文，族里很多年轻人口中的"大爹"，是布朗族第一任首领的直系后代，只有他可以将当天从茶魂树上采摘的青叶制成茶。作为布朗族的精神领袖和首领的直系后人，苏国文毕生致力于保护布朗族的传统。他和当地歌手一起，将《布朗族之歌》传给年轻的一代。这首歌曲讲述了艾冷如何为布朗族的后代留下茶树的故事，并叮嘱布朗族的子孙，要虔诚地爱护茶树，正如歌词所唱：

哦，艾冷，你的脸比天宽，你的心比地广，
是你带领我们告别了流浪生活，
留在这里，创造新的安定生活。
从此后，我们建造了伟大的绿色家园和花园，
在我们简陋的木屋旁的山上种下茶苗，
太阳落下，月亮又升起，
云雾散开，雨露落下，
一棵茶苗变成了许多棵，从山脚到整个山坡，
哦，明亮的春天，遍山花开，
小茶树上的花是银色的花，
大茶树上的花是金色的花……

年轻的玉呢来向苏国文敬献茶魂树的青叶，对她来说，这也是特殊的一天，因为村里的老人们决定，是时候让玉呢品尝茶魂茶了。神圣的茶魂茶，是用每家茶园最老茶树上的青叶制作的茶。这项仪式充满象征意义，将玉呢和她的祖先联结得更加紧密。从未喝过茶魂茶的玉呢，细腻地品出了森林的味道，还有各种野花、树木、竹子、叶子的香气。

玉呢正在向苏国文敬献茶魂树的青叶

玉呢正在品尝茶魂茶

苏国文 布朗族长老

　　我对这个山的感情已经融合在骨髓里面，融合在血脉里面。我自己好比就是山里的孩子。我不认为茶是一种产品或利润来源，而是布朗族的灵魂，是布朗族的精神，是我们生活中不可或缺的一部分。茶树林有几千年的历史，是我们的祖先留下来的一份引以为豪的遗产。人要爱护森林，爱护茶树，森林也会爱护人。

　　我要把这片沃土和这些森林茶树传承下去。必须照顾它们，不惜一切代价保护它们，把它们传给后人，永远不让它们消亡。我正在整理我们布朗族的历史。有人问我，你写好了没有？我说没有，我要让我的子孙后代继续写下去。

苏国文正在整理布朗族的历史

INTERVIEWS

循茶之典：
重现顾渚紫笋蒸青茶饼

顾渚紫笋茶饼

▶ 扫码观看

陆羽是一名孤儿，曾由一位严厉的僧人抚养长大，但年少的他对文化的兴趣，远胜于佛家的清规典籍。于是他逃出山门，加入了一个戏班子。后来，他的才华得到唐代官员赏识，由此获得三件重要赏赐，包括行脚的白驴、乌帮牛各一头，文槐书函一枚。他云游四方，结交文人雅士，品茶畅谈，最终写出了旷世之作《茶经》，成为如今印宗法师依循的原典。

在中国浙江省顾渚山中的一个小村庄，神圣传承正悄然复兴。为此，印宗法师殚精竭虑，倾注了过去十六年的人生。小小茶饼，仿佛时光胶囊，封入印宗法师一生的求索。他相信，自己可以借此更加靠近"茶圣"陆羽。那是中国茶的历史上最有名的人物之一，年少时却历尽坎坷。

陆羽的《茶经》永远地改变了茶的历史，也奠定了中国作为茶文化发源地的地位。它诗意地记录了茶的培育、采摘、制作和煎煮，这些文字，正是印宗法师字斟句酌的制茶范本。《茶经》里提到的顾渚紫笋，在公元8世纪的中国唐朝时期，是最受尊崇的茶，历年都被征召进贡，有时进贡量多达九吨半。然而，之后一千多年来，却无人有缘品尝它真正的滋味。

1997年，紫笋茶饼开始试制。2006年，年轻的印宗法师第一次尝试复原顾渚紫笋。他参照《茶经》里的方法，前后上千次尝试，均未成功。从2012年开始，印宗法师每年只做五到十斤茶，原料选用的是其他产地的茶青。经过无数次的尝试，反复摸索、印证《茶经》中的文字，他终于觉得找到了方法。2018年，他第一次用浙江长兴顾渚山的紫笋茶作为原料，严格按照《茶经》中的工艺试制茶饼，一次成功。在印宗法师看来，这一次，是陆羽借着他的双手在做茶。

印宗法师和徒弟在山间采茶

深情茗记

采之

蒸之

捣之

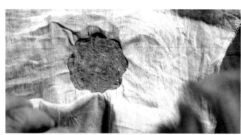

拍之

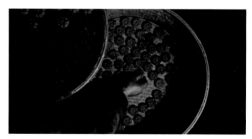

焙之

从此，一年一度的精神召唤，让印宗法师深入顾渚的山林间，去寻找野生的紫笋茶——深深扎根于湿润的岩石中。印宗法师和徒弟侯哥，追寻着盛唐时那位特立独行的隐士文人——陆羽的足迹。

"采之，蒸之，捣之，拍之，焙之，穿之。"《茶经》所记录的制茶工序并没有太多量化的标准。因此，做茶的时候必须时时关注茶的状态。比如，蒸青要等待的时机是"草气转花香，其膏汁将出未出"，只能靠经验和体感反复尝试，摸索具体的方法。每一年的茶青都不一样，因此，印宗法师每一年都要应对新的挑战。

印宗法师

茶很吸引我，苦苦的一片树叶，却可以承载这么多的文人、禅师的情感和文化。我开始爱喝茶后就想看有关的书，第一本就是读《茶经》。

《茶经》，可以把它当作一部文学书去看，也可以把它当作一部哲学书去看，但是在我们做茶人眼里，它就是一部工具书。我把陆羽和皎然大师尊为祖师。在我脑子里刻画陆羽的形象，因为我们看《陆羽传》，描绘他是一个其貌不扬的人，比较清瘦，带口吃，所以说话不多，但是你会觉得他是一个骨子里很清高桀骜的人。他最大的目标不是茶，而是把茶当成工具。刚开始他可能想通过茶来为国家出一份力，最后他还是通过茶来悟道、修行。

陆羽在茶的贡献上是无与匹敌的，在他之前，茶只是席间的一碗汤，需要在里面放很多椒啊，茱萸啊，盐啊，桂皮啊，这些调料。陆羽开始提倡喝清茶，所以从那一刻起，茶才真正有了它的定义。

是陆羽把茶文化推到了极致。当时很多茶人用奢华的茶器，陆羽曾经说过银镀当然好，干净，但是太奢华，陆羽不会去追求，他追求茶的本真，而不是奢华，他说陶、竹都可以作为茶器。

喝了茶，两腋习习生清风，一团和气。我觉得我们制作这样的茶，跟唐代的是接近的，不能说完全一样，但是相当接近。

茶让我着迷。茶不仅仅是一种饮品，他还成为你身体的一部分，是高于精神上的饮品。

作为我，其实跟陆羽有很多契合的地方。陆羽恰恰在茶上找到了自己安驻的点，也让我这颗心在茶上驻下来。不能够说，茶是什么，我是什么。其实密不可分的。其实，我就是茶，茶就是我。

我们做茶，并不是我们去把茶做成那么好，而是茶本身就那么好，我只是要去把最好的一面还原出来，并不是我在"做"茶，是"茶"在教"我"如何做。《茶经》与实物可互相印证，我们到了这片土地，做了这个茶，处处都要与《茶经》对应。

INTERVIEWS

"茶之为用，味之寒，为饮，最宜精行俭德之人。"循着《茶经》诗意的描述制茶，本身就是一种艺术。文字如谜，如唐时风韵，留待世人悉心诠释。于是，年复一年，印宗法师践行经典，尽可能贴切地还原茶圣之道。

陆羽认为最好的茶，是野生紫笋茶。据《茶经》记载，这种茶要在茶芽呈现紫色的时候采摘。茶饼翻动的时机，要在它们刚好呈现胡人皮靴的皱纹时为最佳。茶饼像新生儿般需要细心呵护。焙火时，印宗法师必须全程守护它们。整个制茶过程对体力的要求很高，2018年，制茶8天里，印宗法师只睡了6个小时，累的时候就在旁边稍微打坐一会儿。然而，当揭开焙笼的那一刻，一切的辛苦都被忘记了。

唐代的皎然大师，与陆羽是亦师亦友的关系，他最早提出了茶和禅的关系，也最早提出了"茶道"的概念。陆羽以茶道比拟世间的真义，大道至简，道法遍在。循着这样的法则，印宗法师邀请好友在山野中品尝他的茶。

准备茶道仪式

将碎茶倒入碾槽

碾茶

茶粉倒入茶则

煮水烹茶

分茶

沫饽

根据《茶经》所述，茶汤表面的泡沫，或者叫沫饽，必须要"如枣花漂漂然于环池之上"，又如"回潭曲渚青萍之始生"。

茶圣随风归去，茶树荣枯，轮转千年，《茶经》对后世的影响，也延续了千年，引得印宗法师一心追寻。

应茶之召：
手工茉莉花茶的传承

卢畑羽和儿子在茉莉花田中

福州是茉莉花茶的故乡，陈成忠一家人在这里，世代传承和完善着手工茉莉花茶的艺术。卢畑羽和她的丈夫陈铮，曾一度移居七百公里外的江苏省，只在每年茶季回家帮忙做茶。八年前，一家人决定回到父亲陈成忠的身边，因为内心在召唤他们回归故土，延续和发扬茉莉花茶的传统制作技艺。

在所有茶中，其制作过程最接近艺术的大概就是茉莉花茶了。茉莉花蕾的美娇弱易逝，馨香仿若游丝，如何将这种美丽与茶相融，最考验功力。甜香清丽的茉莉花茶为世人所青睐，可以说是如今世界上最流行的花茶了。

茉莉花蕾

陈成忠

陈成忠是国家级传统福州花茶窨制工艺传承人，陈家的手制茉莉花茶，传到他已经是第三代了。岁月打磨技巧，创造力由心而生入化境，终成一种艺术。

采茉莉花图

福州温和湿润的气候为茉莉属植物和茶树提供了完美的生长条件，周围的地形也非常适合发展茉莉花茶行业——山顶种茶，向下依次是森林和村庄，而茉莉花就长在河岸边。茶农们还在山上修建了梯田，得以更有效地利用水资源。

茉莉花田

茉莉花优雅的甜香，只习惯在夜间才吐露出来。采花工需要读懂茉莉花，循着线索，摘下将在当晚开放的花蕾。待花蕾绽放，释放独特的幽香。

闻到茉莉花香的时候，卢畑羽希望全身都长满鼻孔，去吸收花的香气，"把我埋在那儿吧！不用出来。"他们情愿为了高质量的茉莉花茶，早出晚归，整天在花田里赶工。常常是日出之前就已出门，最早也要夜里十二点多甚至凌晨方归。

将开放的茉莉花蕾与经过干燥处理的绿茶或白茶分层叠放，被称为"窨制"。在此过程中，茶叶吸收茉莉花的天然芳香，呈现出茉莉花香甜清爽的气息。一次窨制过程会持续大约四个小时。多次窨制可以提高茉莉花茶的品质。高档的茉莉花茶，窨制多达九次。窨制后，茶叶还需要额外的干燥处理。

在窨制之初，茉莉花蕾被运到生产车间。唯有一天结束，工厂关门，机器停止运转，手工茉莉花茶的窨制才正式开始。紧闭的茉莉花蕾需要被温柔以待，悉心照料，以保证它们在最适宜的温度下开放。

等待窨制的茉莉花

夜深人静，城市悄然入睡，神奇的事情发生了。茉莉花蕾缓缓开放，这是茉莉花和茶叶联姻的时刻。茉莉花开到虎爪形的时候，茶叶会更好地吸收茉莉花香。茶叶纤细的白毫，摄住了茉莉花香。一吐一吸，鲜花的香气进入到茶叶当中。每制作一斤茉莉花茶，要用到五千朵花，鲜花和茶叶紧紧相依，度过当晚余下的时光。

绽放至虎爪形状的茉莉花

窨制茉莉花茶

茶叶的白毫

次日清晨，鲜花枯萎，香味淡去，它们已经把生命送给了茶叶。通过手筛，茶叶与茉莉花分离，经烘焙干燥，锁住香气。而后静置数天，每一批茶叶和茉莉花蕾相融的过程，都要重复一遍又一遍。

用竹筛分离茶与茉莉花

手工茉莉花茶

茉莉花茶必须有纯正的茉莉花香味，如泉水般，一丝一丝涌出来。陈师傅的茶展现了精致口感的巅峰，那是匠心巧手与自然之力的共同造化。

陈铮 陈成忠的儿子

我是在茉莉花茶厂长大的,所以我对茉莉花茶有情感上的共鸣。以前上学的时候,每个暑假我都会回家。我会看着父亲制茶,但他不让我上手。对于非常高端的手工制茶,制作过程中哪怕浪费一点时间,都会影响质量。

大学毕业后,有几件事促使我回来。那时福州茉莉花茶的生意不好。市场很大,但人们认为我们的茶廉价劣质。2009年和2010年左右,福州政府开始推广茉莉花茶。人们知道福州茉莉花有一种特殊的香味,福州茉莉花茶品质很好,我认为机会来了。父亲年龄越来越大,也越来越累,所以我决定回来。我觉得,他以后如果做不动的话,他的这些手艺会不会就慢慢地消失了。我觉得这个挺可惜的,就决定回来。我也该落叶归根了吧。

大多数传统工艺被工业生产所取代。机器效率高,能精确控制程序。然而,茉莉花茶的制作可能是一件非常主观的事情。不同的人有不同的窨制方法,成品风格也不一样。这对我来说很有意思。它给了我成就感,也给了我自由制茶的权利。

现在,我认为我对茉莉花茶的窨制已经有了一定程度的理解,可能有我父亲的七八成吧。我父亲制作茉莉花茶的技术和技巧是独一无二的。他是这个领域的国家级非物质文化遗产传承人之一。我觉得还有很多地方,我还不知道,摸不透。父亲,在我内心里面,是我要爬上去的那座高山。

我觉得我父亲做那个手筛的时候,筛面上茶的那个跳动,是非常美的。

在我还能干得动的时候,我能够把它(手工茉莉花茶技艺)保留下来。如果能传下去最好。我内心里面,是希望儿子能够接这个班的,但是我不会跟他说。我不愿意勉强他。

INTERVIEWS

传统的茉莉花茶窨制方式是最自然的，同时也是最费力的。为了满足全世界对茉莉花茶的需求，茶业开发出了更多有竞争力的方法将茉莉花香引入茶叶。很多市售的茉莉花茶采用茉莉花油或天然茉莉花香料，在茶叶生产过程中即时调味，而不必依赖天气、收成和储存方法，节省了大量人力和时间。然而，虽然有现代化方法提高了制茶速度，增加了茉莉花茶的产量，高档茉莉花茶通常仍然使用传统的手工窨制方法。

　　目前，中国是唯一掌握茉莉花茶关键窨制技术的国家。陈成忠师傅手制茉莉花茶的未来，依赖于他的儿子和儿媳，小心翼翼地传承下去。有下一代的接力，就有希望。

陈家祖孙在茉莉花田

守艺传茶：
正山小种的坚守

　　群峰连绵的武夷山中，有一个云雾之中的桐木村，由于桐木村上空常年云雾缭绕，雨量充沛，加上山中砾石中富含矿物质，村里产出了上乘的茶叶。在这里，诞生了世界知名的正山小种。江远真和他的孙子满满，来自桐木村里一个历史悠久的茶农世家。茶林和制茶工艺，是祖先留给他们的最大宝藏。面对现代工业化制茶的浪潮，江家的下一代选择了坚守传统工艺，传承正山小种独特的风味。

武夷山桐木村

正山小种

　　带有浓郁独特的烟熏味的正山小种，被认为是世界上最早的红茶。它从中国出发，运往荷兰、英国等其他西方国家，以其独特的馨香和烟熏味，征服了无数茶客，英国王室更是为之着迷。作为红茶的鼻祖，正山小种诱发出了更多红茶品种，占据着全球茶叶很大的市场份额。

爷爷正在撒茶青

专门用于萎凋和烘干茶青的建筑，在当地被称为"青楼"。江远真带着孙子满满，在青楼的木板上撒满茶青，仿佛与先祖的灵魂对话。他的先祖自17世纪起，便在这武夷山中制作传统的绿茶。而最早的红茶，据说诞生于一个偶然。

▶ 扫码观看

传说，在四百年前，一队士兵穿过这个村庄。天色渐暗，他们看到茶场仓房，投宿在此，将茶青当作了临时的床垫。清晨来临，这批茶彻底变了样。士兵们的体温已将茶青发酵。为了尽快减少损失，人们点燃当地的马尾松枝，干燥茶青。正山小种那特有的烟熏风味，从此诞生。

劈开松木木柴

用松木烧火，烟熏萎凋

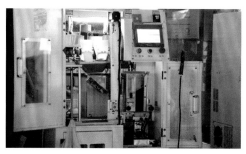
制茶机器

正山小种独特的制作工艺代代相传，几百年来不曾改变。首先，在天气晴朗时采摘茶青，通常是一芽两叶或一芽三叶，叶子不能太大，也不能太嫩；接着，在青楼将新鲜茶叶放入烘笼中，放在松木火上完成茶青的萎凋。它是正山小种"松烟香"的关键。马尾松烟熏出的茶才会有桂圆汤香的味道，这是用其他杂木烟熏无法替代的。之后进入发酵的过程，在这一步中，掌握烘焙的时间和用火的大小都极其重要，必须随时检查茶叶，当中的技巧，通常来源于制茶人在长久的实践中积累下来的经验和感觉。

然而，江家人的正山小种正面临着市场的冲击。现代的机械制茶法，生产出大量"大众"品质的正山小种。"外山"使用机器采摘，几亩的山，一天就可以采完，这是完全雇用人工采摘的江家人难以与之抗衡的成本优势。与此同时，由于茶叶市场缺乏明确的标准，不少假冒品牌也在不断冲击着原产地的茶厂。

一叶茶千夜话
ONE CUP
A THOUSAND STORIES

但江家人相信，正宗的正山小种远比工业化生产的"外山茶"更加芳香醇厚。他们坚信，是否掌握关键的技艺，决定了茶能否生存下去。"酒香不怕巷子深"，上乘的茶叶从来不缺市场。过去，这里的农民以茶为生，从江远真的儿子这一代起，有机会进入大城市的人们，生活本可以不依赖制茶，但是在江家儿媳吴逢英眼中，作为茶农和制茶人的后代，他们永远也不应该忘记自己的根。江家人决心，把父母和祖父母传下来的东西继续传承下去。当看到客人喝到自己亲手制的茶，露出物有所值的神情，吴逢英也会觉得很开心。

正山小种的茶

江家人明白，如果可以将手艺和知识传给下一代，他们的正宗正山小种就能赢得这场战争。如今，吴逢英的儿子满满也开始学习制茶技术，他要熟悉种茶和制茶的每个步骤，掌握古老的技艺。如果有一天，满满决定继承制茶的事业，这些茶树将低声向他诉说爷爷的智慧，传递来自先人的力量，帮他迎接未来的挑战，探索家中的茶在大山之外的出路，让正宗的正山小种，在商店里、市场中，乃至贸易集散地，接受市场的考验，赢得更多消费者。

江远真和孙子满满在茶园中

人物谈茶

江远真
正山小种手工制茶人

（茶树是）老祖宗给我们留下的最好的宝物，宝贵的财宝，我们这里也可以称为"云雾茶"，我们以后的生活，都要靠这个茶叶。这个是我们祖上留下来的产业，还有这种工艺，我们不能让它丢了，我们必须传承下去。这是我们的责任。

我常说，儿孙自有儿孙福，我这个年纪的长辈，对他们的人生选择也帮不了什么忙，很少干涉了。但是，就算我的孩子们以后不想制茶，

我个人对正山小种有很深的感情。我非常喜欢茶，我把茶当作一种生活。无论是采茶、熏茶还是卖茶，我都把茶叶当作有生命的东西，非常细心、用心地去爱护。做茶叶要用心做的，不用心做也做不好。我们一代一代靠茶为生，从不寻求什么声望和财富，只是尽最大地努力保持茶叶的优良品种。

我也会在制茶时让他们回来看看，把这个技术传给他，起码这个工艺不能丢。我以前也在别的地方工作，但我每年都会回来跟父亲学习制茶。所以，只要我还活着，我就会一直教孩子们做茶，帮他们做茶。

INTERVIEWS

负茶而行：
茶马古道上的辉煌

　　这是一条古道，一条生存的动脉，它从喜马拉雅山脉蜿蜒而出，通向悠远的过往时光。这就是滇藏边界的茶马古道，世界上运输茶叶最古老的道路之一。一千年来，这条路上的马帮往来不断，沿着狭窄的山路，将中国南方的茶叶，经由西藏，送去印度和更远的地方。茶马古道是中国茶叶走向世界的开端，直至20世纪50年代，这条古道仍在使用。

茶马古道

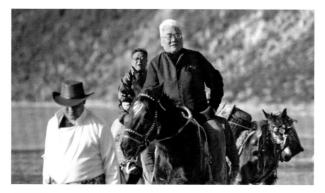
格桑扎西

藏族人格桑扎西来自一个马帮世家。十岁那年，他曾和父母一起跟随马帮，由这条路离开。那是他人生中最壮丽的旅程，他暗自发誓，一定要回来。六十五年后，经商多年的扎西恪守誓言，满怀对茶叶的热爱回到故乡——云南北部的香格里拉。他要复兴当年这条路上极负盛名的一个茶叶品牌，那是他的祖父亲手创立的。

扎西的祖父泽仁桑珠曾是一个贫穷的马帮商人，凭借着过人的胆识和努力拼搏，最终创建了自己的茶叶品牌，将茶叶生意开拓到印度、缅甸、不丹、尼泊尔等地。他的第一份工作便是驾着骡车运茶，从云南踏上危险艰辛的茶马古道。马帮遭遇的忧伤与苦痛，一言难尽，他们必须面对难以想象的艰难险阻。

骡车运茶（资料图片）

普洱茶被压成饼状本是为了便于运输。如今，这种特殊的形状仍在不断提醒着我们中国茶叶长久以来的外销历史。

在喜马拉雅的群山间，马帮运送的茶成就了一种特殊的饮品——酥油茶。这是一种传统的藏族茶饮，由酥油、盐和普洱茶等材料混合制作而成。这种特殊的茶饮给了人们能量，抵抗高原地区的严寒。

酥油茶

制作酥油茶，首先要用水煮普洱砖茶，一遍又一遍，直到把茶叶的全部精华都熬出来，然后用竹筒过滤茶叶。茶叶煮好后加入盐，再加牦牛奶制成的酥油。在建塘地区，人们会再加一把碾碎的核桃，丰富茶的口感。初尝酥油茶，很难适应它的味道，需要慢慢品味，才能体会它的美妙。这种饮茶方式已延续了上千年，至少可以追溯到公元8世纪，唐朝的文成公主将茶叶带入西藏之时。

煮普洱茶

茶水加盐

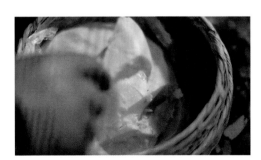
添加酥油

深情茗记

老友们分享酥油茶

时至今日，酥油茶已成为当地人日常生活中必不可少的一部分。茶、青稞、肉干和酥油，是藏族人生活的四大重要支柱。扎西与老友相会时，也必要喝上几碗酥油茶。酥油茶勾起了他们童年的回忆，和家里收藏的马帮老物件——骡铃、风灯和精美的帽子一起，讲述着茶马古道上有关马帮的传奇故事。

回到故乡的扎西想制作一种更现代的茶叶。新茶将沿用他的祖父当年创立的品牌名——宝焰茶。他选定了云南的一家茶厂来拼配他的茶，八十年前，他的祖父也是在这家茶厂制茶。祖父留下的遗产今天仍在这里。普洱茶依然会在这里被压成紧实的茶饼，宛如当年要装上骡车，踏上茶马古道。

为了重现宝焰茶的辉煌，他聘请了茶叶专家魏雪峰，帮他研发完美的产品。在魏雪峰看来，作为一个七十多岁的老人，格桑扎西的想法有时候非常前卫，比如，他不满足于传统酥油茶的味道，追求的风味要细腻很多。扎西想要做出自己梦寐以求的茶，再现祖父当年的辉煌。

格桑扎西　藏族茶商

　　我从小就听着马帮行走茶马古道穿越青藏高原到印度的故事长大。这些故事充满神话和传奇色彩，有着康巴汉子的浪漫情怀。他们坚强而沉默，以自己的毅力和决心，克服重重挑战，实现了看似不可能完成的壮举。

　　1954年，我还是个10岁的孩子时，便踏上了一段辉煌的马帮之旅，从昌都一路来到印度的卡林朋。我的亲身经历开始与那些传奇故事联系起来。

　　在中国其他地方，饮茶可能是一种高度社会化或仪式化的行为，而在西藏，由于高海拔和恶劣的气候条件，茶是饮食的重要组成部分。

　　我尊敬我的祖父。我的祖父在茶叶贸易圈闯出了名声，他建立的宝焰茶品牌非常受欢迎，这是他留下的宝贵遗产。我想复兴他的遗产，以此来缅怀他。

　　马帮的骡夫地位低微，但同时他们也不屈不挠，充满智慧。他们从驮运中获得了纯粹的快乐，促进了商业繁荣。从马帮中脱颖而出的商人领袖是一群独特的社会企业家，他们足智多谋，又宽厚慷慨。

INTERVIEWS

深情茗记

朝圣途中

扎西决定进行一场朝圣，为自己的新事业祈福。他将去朝拜藏传佛教中最圣洁的卡瓦格博峰，重走一段茶马古道，以缅怀自己的祖父。同行的还有扎西的老朋友们，他们熟知茶马古道，他们的歌声充满欢乐与忧伤，诉说着这片神奇的土地。在卡瓦格博圣山前，扎西献上了从祖父的老茶厂带来的普洱茶，太阳光冲出厚厚的云层，光芒万丈。这是一次朝圣，一场庆典，是重温一个誓言，也是觅得珍贵一刻，思考人生的意义。

扎西一行人向雪山朝拜

　　"我感觉天降福佑，你看到太阳四射的光束吗？那是非常
非常吉祥的征兆。我祖父在天上微笑着呢，我觉得他会很高
兴。茶是很特殊的礼物，因为这里人人都爱茶。"扎西如是说。

深情茗记

49

因茶而生：
宜兴紫砂壶

▶ 扫码观看

相传，在16世纪初，在宜兴有位书僮名叫龚春，他与一位僧人非常投缘，从僧人那里学会用紫砂泥制陶。龚春崭露出非凡的天赋，提升了制陶工艺，发明了新技术，创造出新的器型，集美感和实用于一体。龚春的手艺在某种意义上改变了茶文化。

艺术家高振宇享有国际声誉，他创作的实验性现代主义雕塑，造型和质感皆取法自然。他曾在伦敦、巴黎、东京和北京等地举办展览。在世界多地的美术展馆中，都能看到他极富影响力的作品。

高振宇的雕塑作品

而对高振宇而言，不断激发创作灵感的，是简约、质朴、本真的传统宜兴茶壶。一路走来，他已经制作了两千多把紫砂茶壶。紫砂壶的传统融在高振宇的血脉里，他是土生土长的宜兴人，父母都是著名的紫砂壶匠人。他曾师从中国卓越的紫砂壶大师顾景舟，后又留学日本，最终回归故里。

宜兴在上海以西不远，是一座拥有124万人口的城市，位于太湖之滨。这里从新石器时期开始，就是制陶中心。宜兴茶壶的秘密，在于其独特的土质，其中矿物质丰富，可塑性和强度都很高，且形态独特，是制陶的理想材料，人们称之为"紫砂泥"。

紫砂，其字面意思是"紫色砂土"。紫砂黏土是高岭土、石英和云母的混合物，其中氧化铁含量很高。黏土由岩石经过提取、碾碎、清洗、揉捏、过筛，然后混合在一起制成。未经加工的紫砂有紫泥、红泥和绿泥三种。三种宜兴黏土，因岩石的采掘地点和深度以及陶工使用的烧制方法不同，而颜色各异。团泥，是宜兴陶壶界一个常见术语，它是指紫泥和绿泥的混合黏土，这种黏土烧制后会变成青铜色，绿泥则会变成米黄色。宜兴陶壶颜色多种多样，比如天蓝色、深绿色和灰色。为了获得各种颜色，陶艺师将不同种类的黏土混合，或者在黏土粉末中加入氧化金属。

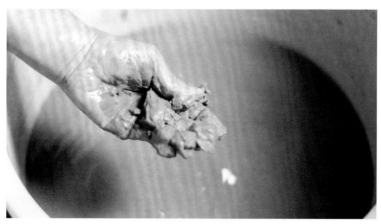
紫砂泥

捶泥

泥料在几百米深的地底下，是无机的矿物，一旦接触空气、阳光、雨水以后，好像就有了生命。捶泥是紫砂壶的制作中非常重要的一项工作。泥料的自然颗粒，经过木槌的锤炼，不断伸展，陶土的能量被唤醒，成长，膨胀，有了自己的个性。用紫砂泥料做的壶，仿佛可以呼吸，就像人的皮肤一样，既不透水，但同时又能够透气。

干燥的茶叶进入紫砂壶，在开水的浇灌之下，完成了生命的第二次绽放。紫砂壶里藏着记忆，因为茶壶吸收了茶的味道，也留下了茶的印记，并且在一次又一次地使用中焕发生机。

紫砂茶壶

14世纪前，中国人饮茶多用的是团饼茶，研压成粉，直接在茶碗中冲泡。到了明代，散茶开始流行，喝茶的方法有了转变，对新茶具的需求应运而生。大约在明朝时期，也就是1500年左右，宜兴紫砂茶壶开始大批量生产，生产中心在丁蜀，靠近宜兴。除了小作坊外，还有批量生产茶壶的工厂。迄今为止发现的、可以确定年代的早期茶壶是南京吴京墓出土的一把吊梁茶壶。太监吴京死于明朝嘉靖十二年，即1533年。这把茶壶现收藏于南京博物馆。

宜兴陶壶的美在于材质。陶壶不上釉，材料质朴而原始，这在陶器中很罕见。这种质朴的造型，符合当时文人的审美标准，大受文人青睐。文人们的饮茶需求与习惯又影响了宜兴茶壶的尺寸和设计，他们请来制陶大师，专为品茶制作更精巧的小茶壶。为茶而生的紫砂壶工艺，经过几百年的洗练，直到今天。

宜兴紫砂茶壶尤其适合冲泡红茶、乌龙茶和普洱茶。若将宜兴茶壶用于功夫茶道，则需要符合三级规则：壶嘴尖、壶把顶端应与茶壶边缘齐平；壶盖应尽可能与茶壶口贴合；壶把与壶嘴应完美对齐。另外，制陶

紫砂壶的三级规则

师们也常用声音来检验茶壶的品质，用茶壶盖轻敲茶壶，发出的声音也各有特色，如声音清晰、有金属质感，则为佳。

高振宇
雕塑艺术家

在我心里面，家乡宜兴是非常重的。它有这样一个制陶的历史，有文化土壤，还有茶，所以孕育出我们今天看到的紫砂壶。

我认为自己是个现代人，因为我生活在现代。我创新的时候，是从泥料中，从材料本身的语言，去领悟到它的那种能量，把自己的创作意图表达进去。制作陶壶的过程是陶艺师和陶土之间交流的过程，你需要了解陶土，并与之交流。你问一问陶土，是否可以再弯一点？听听它怎么回答。如果陶土说不行，你就得停下来。你需要遵循自然规律。这是陶土和陶艺师之间的对话，一种极具中式风格的制作东西的态度。制作陶壶的过程也是创造性的——一个人从头到尾制作壶，需要有雕塑能力和艺术头脑。

我们中国人相信紫砂壶它独具魅力的地方。宜兴陶壶采用手工制作，制陶师们拍打黏土，塑造陶壶的形状，它跟机械的不一样。我们的紫砂壶跟茶叶之间产生的互动，还有一个形体上，使得茶的这种汤气更加好地体现出来。

我的先生顾景舟曾经给了我两句话：继承，贵传统规范；创新，重精神内涵。我们做壶的时候，把它看成一个人一样的。既然它是一个生命体，我们就要有生动的气韵在里面。我们的紫砂壶讲究这种气韵。

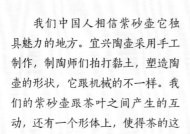

高振宇制的壶

　　高振宇对传统的宜兴茶壶满怀敬意，但他不想止步于模仿过去。每做一把壶，都像在与泥料进行全新的对话，搭建起一座跨越古今的桥梁。天赋使他赋予紫砂壶以灵魂。新壶经高振宇巧手而生，记下的远不止茶韵飘香。壶中记忆来时路，承载他的艺术人生和宜兴悠久的历史。中国有茶，赠予世界，更有茶壶，盛下茶思万千。

茶敬阳光：
福鼎白茶的秘密

福鼎茶青交易市场

中国东南小城福鼎，是白茶的故乡，春茶采摘的季节，每天有近两百吨青叶在这里交易。祖辈皆从事茶行业的王传意，三十年如一日，努力让鲜叶吸收更多"阳光的味道"。

白毫银针

白茶最早大约出现在清代嘉庆年间，最初当地人采摘小白茶叶片用来制作银针，后来大白茶和大毫茶品种相继被发现，1880年左右，我们现在所熟知的商业化茶品"白毫银针"基本成型。

白茶曾经在福建繁荣的茶贸易市场中占一席之地。据史料记载，民国初期白茶出口产量曾达到历史巅峰，福鼎和政和两地，年均有五万公斤的白毫银针销往欧洲。然而，随着国内外局势的变化，第一次世界大战爆

历史影像

发，白茶出口渠道全面关闭，自此白茶产量出现断崖式下跌。这种情况并未在新中国成立后有所转变，到2000年左右，福鼎生产白茶的公司所剩无几，除本地人之外，外地人对白茶知之甚少。

茶芽

2009年左右，白茶迎来了重要转机。那一年前后，普洱茶和龙井茶纷纷跌落神坛，茶叶市场上出现了一个需要填补的空白，加之当地政府的大力推广，福鼎白茶终于进入了大众视线。

深情茗记

57

如今，白茶在中国有某种特殊的地位。2019年，尽管它的产量只占总体茶产量的2.46%，但非常受欢迎。白茶味道温和，含有较多抗氧化多酚，它滋味甘甜、略带花香，口感精致、细腻，备受都市白领的追捧。它有一种神秘的特质，陈化细腻微妙，滋味变化，润物无声，如同上乘的香槟酒。

白茶的与众不同还在于它的工艺。白茶是加工工艺最少的茶叶，绿茶尚需蒸青或炒青，而白茶通常只有日光萎凋（即"生晒"）和文火烘烤两道工序。日光萎凋，加上文火烘烤，看似简单，却无限神秘，相辅相成，缺一不可。

王传意幼时在茶厂

从懂事开始，王传意就一直跟茶打交道，跟随父亲学习制作传统工艺的福鼎白茶。自2004年接了父亲的班，王传意一直在应对白茶制作的各种挑战，努力追求完美。

白茶的制作是使其在一定时间内缓慢、均匀失去水分的过程。不同时节、不同采摘标准决定了鲜叶含水率的不同，面对不同含水率的鲜叶，制茶时所处的不同外部气候状态，对失去水分程度的把控由此千变万化。长期以来，各家的传统萎凋工艺虽都为日晒，但时长各不相同。王传意经过总结前人的经验和自己的探索，掌握了在鲜叶、气候、温度每年都不尽相同的条件下，"酿造"出最佳味道的方法。

做白茶三十余年，王传意仍秉持着对传承古法、崇尚自然的敬意。明代作者田艺蘅在《煮泉小品》中写道："茶者以火作者为次，生晒者为上，亦近自然，且断火气耳。"王传意坚持传统的日光萎凋，因而在他的制茶厂内，有福建乃至中国最大的白茶日光萎凋晒场。他的生产方式看上去很"笨"，需要借助多变的自然和大量的人力。千百担的竹筛，需要大量工人24小时寸步不离，根据日照、降雨、降温、风向等大自然任何一丝一毫的变化调整竹筛的摆放位置、摊晾的薄厚程度以及晾晒工序的时长。

经过几十年的经验积累和反复验证，王传意对白茶制作的工艺提炼出了一句看似极简的要求：72小时日光萎凋。"72小时"不是简单粗暴地让茶叶在户外接受阳光直晒，温度太高、光照太强以及夜晚的时候，都需要将茶青腾挪进专门的萎凋间过渡。晒足72小时的茶青历经时间和阳光的共同造化，做出来的茶叶有一种"阳光的味道"，茶汤呈杏白色，不苦不涩，清甜怡人。

白茶第一道工序：日光萎凋

白茶第二道工序：烘焙

白茶制作的第二道工序是温和的烘焙。白茶芽叶茸毛细多，容易吸湿霉变，烘焙不但可以大大减缓茶叶的氧化，使其不致转成红茶，也大大降低了白茶中的水分。至今，王传意仍坚持用木炭炭火烘焙：炭火被装在铁锅内，放进中空的竹制烘笼内，再将盛着茶叶的竹筛搁置其上。经历三个无眠之夜，文火慢烘，王传意最新的一批白茶离开了烘笼，但此时，距离白茶完工尚早。

"一年为茶，三年为药，七年为宝。"存放一年的白茶被认为是新白茶，仍然没有完全发酵，因此它尝起来像绿茶，但味道柔和。三年白茶的味道"具有粽叶香，有一点醇厚"。七年白茶被公认为"老白茶"，有"枣香，可能生成药香，随着甜度的增加，味道会变得更醇厚、更顺滑。"

不同年份白茶的色泽

因而，王传意制茶的最后一步，是在一个特别的密室——陈化室中进行的。茶叶的氧化因为烘焙而放缓，但并未完全中断，密室中藏着白茶的奥妙，休眠的茶叶会持续缓慢地氧化，等够了年头，陈化过的老白茶滋味尽现，最受鉴茶人的青睐。

陈化室

在陈化过程中，成品白茶的含水率与保存方法对白茶的品质尤为重要。为了得出最适合白茶转化的含水率，王传意选取同样的等级、同样的包装、同样的仓储条件，进行了一项周期为7年的实验。经7年的自然仓储，他发现5%含水率的白茶干茶转化程度是最好的，甚至高于国家标准的7%，而这一标准也逐渐得到了业内一致的认可。

生物化学家通过收集王传意的老白茶样本，分析发现，老白茶陈化时，其中化合物发生了显著变化。氨基酸开始氧化减少，但令人惊奇的是，新产生的化合物显著改变了茶的风味。岁月回报给了王传意上好的白茶。他最好的白茶要存放二十年之久，等待时间安静地酝酿滋味。

王传景　白茶制茶人

一项技艺的消失，可能是一个行业的永久终结。我知道，传统匠人往往意味着固执、缓慢、少量、劳作。但这背后所隐含的是一种对所拥有技艺的担当，现代工具可以提升效率，但缺失了一个行业的初心与坚守。传统白茶行业是无可替代的，所以我宁愿这样做，必须这样做，也一直这样做。

我父亲教导我们从事茶叶，他极其严格，对我们的要求特别苛刻，你只能做得比他更好，我们现在所有的认知也好，做茶的工艺也好，流程也好，都是家人手把手这么多年教给我们，才有我们的今天。

白茶的工艺最简单，往往越简单的东西是越难的。因为它只有萎凋跟干燥，天气比较好的时候，做出来的茶，滋味香气各方面都做到一个极致上面，有一种我们叫作"阳光的味道"。

我从父亲那边把厂接手过来做的时候，就考虑到怎么样使老茶更好喝。因为我们要把好的茶青，用好的工艺把它做到位。基本上白天开始生产（日光萎凋），晚上开始烘焙，所以就没有什么休息。炭焙的时候，它不能让你休息的，温度太高了，它焙不好会焦掉；温度太低了，它又焙不干。你如果有一两分钟的区别，可能茶叶就会焦掉，所以它很耗一个人的精力。

我们这边靠日光萎凋为主，所以我们每个师傅眼睛基本上经常看着天气的变化，看一下远处的山。如果是正常的，天气比较好的时候，整个天会比较开，快下雨的话它比较压抑。如果这批茶叶淋掉了，就作废掉了。一个环节把握不好，前面所有的努力都会白费。

白茶不单单做的是眼下，还有将来。对我来讲这个是很享受的事情。从这个茶叶当中，能找到一些让你很开心的事情。人生如茶，茶如人生，需要时间慢慢去体现。

INTERVIEWS

结缘生活

一天的念想：
成都茶馆

喝茶的成都人

　　成都，中国西部一座人口超过一千六百万的特大城市，在这个现代与传统交汇的迷人地方，茶与茶馆仿佛黏合剂，让城市生活变得紧密。

　　成都人明显悠闲的生活节奏要追溯到两千年前。公元前250年左右，著名的灌溉系统都江堰建成，成功控制了洪水，造福农业灌溉，粮食生产稳定，生活富足。因此，过去的成都农民比其他地区多出不少闲暇时间，而喝茶正是消磨时间的极好方式。

观音阁茶馆

观音阁老茶馆建成至今已有一百二十多年，是成都历史最悠久的茶馆。它的前身，是明末时期的一座寺庙。茶馆是木质结构的穿斗房，没有一颗钉子，历经风霜，依然扎实。在茶馆遍地的成都，观音阁老茶馆显得古色古香，历史气息尤为浓厚。

准备中的李强

在整座城市还睡眼惺忪之时，茶馆就开了门。老板李强生火煮水，准备就绪，在门口迎接客人。有时候，来得更早的常客会自己开门。李强还在准备，常客们就已纷纷落座，和回到自己家里一样。李强觉得，正是茶馆这种一团和气的氛围，使得它与众不同。

早早到来的茶客

茶客们的脸上写满了故事，此刻又是如此安闲，与这被时光长久雕刻的茶馆，颇为相宜。钟爷爷今年九十八岁，精神矍铄。他早早就干完了当天的活儿，来到茶馆，享用第一杯早茶。钟爷爷的伴侣去世了，独居的他一天来茶馆两三回，茶馆已经成了他第二个家。

钟爷爷

茶馆的许多老顾客，已经永久地离开人世，但在这里，他们的茶杯依然是温热的。李强会照常给他们点一支烟，放一杯茶，他说："这是他的位置，我要给他留一下，因为我要送他一程。"

故人的茶杯

李强 观音阁茶馆老板

　　观音阁本是一座明末的寺庙，在民国时期变成了一个茶馆，1949年后，茶馆变成了国有。我的母亲十六岁就在观音阁茶馆工作，我从小在这里长大。后来我离开彭镇，去外地生活工作。1978年后改革开放，重新允许开设私营企业。1995年，我回到彭镇，当时这间茶馆已经破败不堪。我决定租下茶馆，经营振兴。我的妻子现在也在茶馆帮忙，我经营这间茶馆至今已经有24年了。

　　"开门七件事，柴米油盐酱醋茶"，茶在中国人的生活中非常重要。同时我也认为，茶是一种共享的对话，不需要言语。每个人都明白茶的象征意义和礼仪，所以如果你不愿意，就没有必要说话，每个人都明白，所以会觉得很舒服。我经营这个茶馆，就是希望能够让每一个茶客，都有一个家的感觉，他们可以不把我当作老板，大家都喜欢在茶馆里待着，那我就开心了。

　　我的茶馆有着重要的社会功能。如果人们独自坐在家里，那么他们很容易孤独、发呆，人是需要陪伴的，所以，我希望茶馆是一个人们可以享受友好社交环境的地方，周围有他人陪伴。人们可能想聊聊天，或者只是静静地独自坐着看书。

　　我有两个孩子，一个19岁，一个21岁。他们在茶馆里长大，几乎无法回避茶，但我不会把他们拖进家庭的业务，因为他们必须自己决定自己的路。同时也因为，经营茶馆需要一定的阅历。

李强与茶客

中午是茶馆的高峰时段，顾不上沉思，李强全心投入。左手扶住，右手倒水。上茶迅速、敏捷、有技巧，讲究一气呵成，滴水不漏。"日行千里不出门"，形容的正是茶馆的忙碌。

在烧水倒茶的李强

沏茶

请续水

今日没带钱

暂时离开

午后的茶馆，聚合了老、中、青三代群体。打牌的，聊天的，谈生意，做买卖的，"都在里边"。来了都是客，但客人还得随了主便，热闹的茶馆里自有一套心照不宣的礼仪规矩，盖碗的每一个摆法，都有不同的含义。盖子盖侧放到底座，代表续水。盖子立起来插到茶碗旁边，表示今天忘记带钱。盖子上面放一颗花生或瓜子，则表示暂时离开，请店家不要收碗。

对于外来者，这些规矩或许让人望而却步，但一口茶喝下去，立马会心旷神怡。无论老少贫富，这里的每个人喝的都是同一种茉莉花茶，花香和茶香，好像将人带到田野里。观音阁茶馆是一段历史，一个茶客们的家外之家，一个更完美世界的一瞥。

远行必备：
潮汕渔民的工夫茶

冲泡工夫茶

　　中国人对工夫茶的热爱由来已久，所谓工夫，说的是泡茶所凝结的时间和心力。它有十八道正规的工序，从用扇子唤醒炭火，到使用特别的泥炉和茶壶。工夫茶起源于中国南方沿海的潮汕地区，这里的南澳岛，有其独特的文化和方言，岛民依海而居，潮汐日月塑造的生活节奏，已经持续数百年。

南澳岛海边

彪哥沿袭了祖辈的捕鱼传统，他喜欢大海，从小向往渔民生活，虽然很累，但时间相对自由。彪哥的生计在海上，茶香在心里，他懂生活，爱喝茶，一壶茶一群好友，就是最悠闲的时光。潮汕人常说的"茶三酒四"，意思就是工夫茶适合关系好的一小群人，围在一起品味茶香。

在如今的潮汕，工夫茶仍然随处可见，在办公室、工厂、家庭和商店，人们聚在一起喝茶，将其作为日常生活的一部分。工夫茶也是友谊、团结和慷慨的象征。渔民坐在港口的小船上，围着茶壶和茶杯，一边喝茶，一边聊聊船机和渔网，谈论天气的好坏，或是村里的八卦。他们一般喝的是凤凰单丛，这是一种乌龙茶，生长在潮汕北部的山区。单丛茶滋味浓郁，喝完喉咙有回甘，一壶可以冲泡十次之多。用十几次的冲泡过程，工夫茶让生活慢下来，成为潮汕人联络感情的空间。

工夫茶船

大海上，渔船上的船员整装待发，即将前往当地最丰饶的一个渔场。出海前，彪哥要置办一样重要的装备。他的父亲经营着一家茶叶店，而他要搜罗出上好的单丛茶，备着在海上喝。不带上这罐宝贝，船员们可不情愿离开港口。悠然茶风，便这样随着他们飘然而行，驶向大海，乘风破浪。

被带上船的单丛茶

他们一抵达渔场，就把长长的拖网放入海中。出海的工作繁重劳累，若是遇上台风，则更是危险重重。此时在海那边的南澳岛上，渔民的妻子和母亲都在盼望着他顺利回家，年长的一辈一般会去祭拜妈祖，祈求大家出海能多一些渔获，然后平安归来。

撒网

收网

船员们辛苦工作了一整夜，总算到了收网的时间。尽管网中有不少毫无价值的水母，但幸运的是，他们也捕到了很多鲐鱼和沙丁鱼。这一趟算是收获颇丰，随后，他们会把鱼运到市场上卖掉。

把鱼分类装好后，船员们总算能空出时间，来享受他们的工夫茶了。由于船上比较摇晃，一个颠簸就会将茶具打翻，因此他们使用的茶具比较简单。但此时此刻，海上风平浪静，茶具也安置稳妥了，这便是他们难得的忙里偷闲。出海捕鱼是艰辛的营生，而这片刻的闲暇与惬意，也更显珍贵。

船上工夫茶

彪哥

每次出海打鱼，我都会预备茶叶到船上去。每当休闲下来了，我们就会泡茶喝，跟船员和船长闲聊。工夫茶就像一座桥，把我们联系在一起。潮汕人就是比较好客，和中国其他地方的人比起来，我们潮汕人很看重"串门"。另外，潮汕人也特别热心团结，人与人的联接比较紧密吧。工夫茶只是这个传统中的一部分。

对我们来说，工夫茶不是艺术，不是花哨的装饰品，也不是什么特殊的精神物品，它就是我们的日常生活，不用刻意去学，刻意去想，从我出生的时候就自然而然地有了。我们不会专门留出时间或计划要喝茶，我们是一有空就喝工夫茶，这是已经渗入我们骨子里的东西。

南澳岛属于一种比较慢节奏的生活吧，跟城市比起来，节奏已经是慢很多了。喝泡茶，慢悠悠地去品味人生，茶叶算是一个媒介，也算是一个寄托。人工作疲惫了，冲上一杯工夫茶，让人轻松很多。

INTERVIEWS

简化了的现代茶具

随着时间的推移，如今在现代社会，冲泡工夫茶，并非一定要繁复的仪式，潮汕人说"呷"表示各位请自便，无须客气。（"呷"是当地方言，相当于普通话里的"吃"。）喝茶的器具也在发生变化。例如，现代人使用小巧方便的茶船，相比于以前用炉子和火炭烧水，现在直接用烧水壶，效率高很多。

但一些关键细节仍然保留了下来。细瓷茶杯透着精致，茶壶的大小恰到好处，泡茶的水温须在90℃以上。倒茶前，先用热水冲洗茶杯，或是烫杯、滚杯，目的是清洗和预热。喝工夫茶，讲究的是茶水平均地分到每一个杯子上，保持每个杯子的茶水量和颜色都差不多，这一倒茶手法为"关公巡城"。

"关公巡城"

清晨的南澳岛

　　喝茶的环境在发生变化，但工夫茶的本质不会变。正因为彪哥和其他爱茶之人的存在，工夫茶没有从现代生活中消失，相反，茶中乾坤以与时俱进的方式，被更好地融入了我们当下的日常生活，在过去的几十年里，潮汕工夫茶更是走出中国，走向世界。现代生活高速运转着，偶尔偷得浮生半日闲，与三两好友品一杯工夫茶，享受时间的悠闲，亦不失为一种惬意。

全年的期待：
武夷山斗茶大会

大红袍鲜叶

武夷山脉藏风聚气，壮观的龙井瀑布飞流直下，湍急的溪流衬得石潭格外宁静。清冽的山泉，汇成矿物质丰富的溪流，为此间珍贵的世外茶园提供了完美的水源，促使茶叶形成独特的滋味。武夷岩茶得名于其独特的生长风土地貌。生长在多岩石、富含矿物质的土壤中的茶叶非常珍贵。在岩茶的核心产区，每年都有一场盛大的仪式，是山里茶人一年的期待。在每年一次的斗茶盛会上，所有的人都可以来到这里，与最好的茶相遇。

大红袍，有"岩茶之王"的美誉，是世界上最昂贵的茶叶之一，若以重量计，价值尤胜黄金。

▶ 扫码观看

大红袍历史悠久，最早可追溯至16世纪。相传，一个年轻的赶考书生途经武夷山时，得了重病，幸得一位方丈相救，为他冲泡岩茶，以解病痛。后来，书生奇迹般地痊愈了，此后精神抖擞，高中状元，并得到皇帝赏赐的一件精美大红袍。书生将大红袍围在茶树上，以感谢救命之恩。"大红袍"由此得名，并流传至今。

一叶茶千夜话
ONE CUP
A THOUSAND STORIES

76

天心村岩茶山场

　　天心村是武夷岩茶的核心产区，有着最好的岩茶山场。这里气候潮湿多雾，雨量充沛，加上有巨大的山墙保护，外来污染很少，因此是种植茶叶的理想环境，出产于此的茶叶非常珍贵，让全球的茶人魂牵梦萦。

斗茶赛现场

每年秋季的天心村斗茶赛，为期三天，热闹非凡，为的是评选出本年度最好的岩茶。比赛声名远扬，吸引了全国各地的人前来参加，更有外国人专程从新加坡、马来西亚等地赶来，千里迢迢，只为邂逅最好的茶。斗茶赛的特点是盲品评判，所有喝茶的人都不知道这些茶出自谁手。

参加评选的茶

经过层层选拔，会有一百多户制茶者加入最后的竞逐，陈大哥和肖大姐夫妇也位列其中。他们是当地一户勤劳的种茶人家，每年生产三千公斤的岩茶，销往世界各地。四十多年来，他们不断努力，希望将岩茶做到极致。

肖大姐谈到，平时人家来找她打牌、打麻将、跳舞，她都不愿意去，但在斗茶赛这三天，她早上七点钟就到场了。每一年，她最期待的就是这三天，能够坐在审评的桌子旁，品尝不同的好茶，为自家的茶加油。斗茶赛的奖项，是对茶叶重要的背书。对于自己做的茶，肖大姐很有信心。

岩茶摇青

炒制茶叶

揉捻茶叶

焙火时用灰盖住炭火

烘焙中的茶

深情茗记

79

比赛之前半年，老陈夫妇就开始为比赛做精心准备。这一次，他们用自家制作的水仙、肉桂和大红袍品种参赛。为了得到层次丰富的茶香，他们需要对烘焙时间和温度精准掌控，以90℃的高温缓缓焙茶三个月，"要反反复复地烤"，来润化茶中的矿物质滋味，据说，这项手工技艺可上溯至三百多年前，代代相传至今。

老陈夫妇准备好一壶上好的岩茶，请好友肖坤冰品尝。肖坤冰是西南民族大学的教授，是一位人类学者和茶学家，十多年来，她都在研究岩茶品饮的仪式。第一道品出岩骨，到了第七泡，茶的花香才慢慢地焕发出来。每次冲泡都体现出不同的滋味和香气，便是岩茶的特别之处。

冲泡岩茶

肖坤冰 人类学者

因为天心村现在的岩茶是茶叶当中的极品，可能对于普通的消费者来说，这个价钱确实有点高，有点消费不起，但是你只要在那三天的斗茶赛当中来到现场，领一个杯子，你可以喝遍最好的正岩茶，而且是免费的。所以我觉得这个对大家来说像是一场节日的狂欢。

作为一个"新村"，天心村是1998年武夷山申报世界遗产名录时才出现的，在此之前，村民们的祖辈世代散居在景区内的水帘洞、莲花峰、天心庙、慧苑寺、马头岩各处——这些地方全是赫赫有名的岩茶山场。迁出景区后，村民们依然继承了"祖业"，以茶为生。不同于一些新兴茶区的公司制管理制度，天心村的茶厂以传统的家庭为生产组织单位，"厂"和"家"合一。村里的茶厂大多为独幢的四层小洋楼，厂家一体，主人家的生活起居与茶叶加工均在同一栋楼里进行。

武夷山当代的斗茶赛始于2001年。每年进入11月以后，当年的茶叶陆续完成了精制加工，当地各产区、机构和行业协会都会组织一系列斗茶赛。在当地大大小小的斗茶赛中，天心村的斗茶赛因为具有正岩产区的优势，无疑是最吸引人的。

斗茶，即比赛茶的优劣，又名斗茗、茗战，具有很强的胜负色彩。斗茶始于唐，在宋代达到鼎盛。由于其富有趣味性和挑战性，因此无论是文人雅士，还是贩夫走卒无不好此。宋徽宗赵佶撰《大观茶论》，蔡襄撰《茶录》，黄儒撰《品茶要录》……宋代文人雅士的参与和著书立说使得斗茶之风极盛。斗茶者各取所藏好茶，轮流烹煮，相互品评，以分高下。

INTERVIEWS

斗茶赛现场设置两个评分区：一个是露天搭盖的全开放式的品茶区，即大众评审区，任何到现场的人都可以围于桌前，对桌上一字排开的10泡岩茶进行品评和打分。由于天心村在景区入口，进进出出的游客较多，此举主要是吸引人气；另一个是设在村部办公楼三层的专家组评茶区，由当地颇有声望的岩茶专家们组成评委会进行逐一品评、打分。比赛以专家组的评分为主，专家组评分占80%的权重，大众评分只占20%。

到天心村看斗茶赛的人，除了全国各省市的茶商、茶客，还有从东南亚专程过来的岩茶老饕，甚至近年来在欧洲也有人专门组织游客，在此期间来到武夷山——旅游兼看斗茶。对岩茶爱好者而言，这样的一趟旅行在经济上很划算：一斤正岩茶在市场上的售价可达1万以上，在大城市的高端会所中，岩茶都是按泡卖，一泡500元以上不足为奇。且高端会所的岩茶在经销商手中几经流转，是否来自正岩产区已然十分可疑。但在斗茶赛期间，人们只要到现场领一个杯子就可以敞开来喝。现场喝到的茶不仅有正岩产区的保证（组委会已盲品淘汰过一批），且只要你愿意，可以在短短一两天内喝到上百家的正岩茶，绝对地值回酒店和机票钱。而天心村的村民，平时都是各家各户各做自家的茶，最多就是关系好的几户人家互相走动，切磋技艺。但在斗茶赛期间，大家在任何一家的茶席前驻足品茶，与主人进行对比、交流，总结自家制茶的经验和不足，因此斗茶赛也为大家交流技术提供了一个平台。无论对岩茶老饕还是对村民而言，天心村的斗茶赛都是一场节日的狂欢。

除了山场和技术决定着茶的质量，村民们认为能不能得奖也要看运气。这与具体的斗茶方式有关，每一轮"评茶"都是十泡茶一起对比评审，因此竞争对手的强和弱非常重要。若是这一轮刚好其他茶的品质都很好，那么自己的茶就很可能会被比下去；相反，如果在十泡中，其他茶碰巧表现力不是那么强，那么自家的茶就可以脱颖而出。因此，若要在斗茶中拿到大奖，"天时地利人和"还真是缺一不可。

斗茶赛的第三天，赛事进入尾声。已经有380号茶被淘汰，剩下的20号茶，可谓极品中的极品。依旧没有人知道，留下来的这些茶出自谁家。对于评委们来说，甄选这批茶更是难上加难，看外形、鉴汤色、闻香气、评滋味、赏叶底，缺一不可。

评委在仔细品评

最终留下的 20 号茶

最后一轮投票开始数票了，所有参赛的茶农都在焦急地等待结果。一个接一个奖项被公布，整个赛事已接近尾声。终于，主持人宣布，大红袍银奖得主正是老陈夫妇！上台领奖的肖大姐笑得格外灿烂，激动与喜悦溢于言表。

比赛异常精彩，是这山里人们生活不可或缺的部分。茶人爱茶，也爱这不老青山中源于热爱的相聚欢庆。斗茶的精髓，不在于"斗"，真正吸引茶人们从四面八方赶来的，是藏于比赛中那志同道合的乐趣，和以茶会友的缘分。

安驻身心

成茶功夫：
峨眉的茶与武

峨眉功夫

在峨眉山麓，一种独特的武学道法千年传承，与当地的茶文化相得益彰。峨眉的险峰奇峻，造就了峨眉武术的凌厉，而其风土气候，尤其是那漫漫严冬，也塑造出峨眉茶独特的个性。

相传，峨眉武术源于春秋战国时期一个叫司徒玄空的武者。传说司徒退隐后在峨眉山修炼，与峨眉山的灵猴朝夕相伴，从而创出了峨眉通臂拳以及猿公剑法。

作为峨眉武术传人，王超守护着险峻圣山里的武学传承。从童子功练起，此后岁月，他不断地突破身体极限。而武艺的精进，讲究的是身心合一、内外兼修、意志坚决与心如止水。

峨眉拳法

练武结束，王超会沏上一壶峨眉雪芽。他从品茶的平和之中看到武学之"静"的另一面，他说"练武就好比我们喝茶"，茶叶在水中，从漂浮到慢慢沉淀的状态，就像练武中静心、修心，乃至净化自我心灵的沉淀过程。品茗，也成为他思考武学的一种方式。

峨眉剑法

峨眉雪芽在水中沉淀舒展

深情茗记

峨眉山天气变幻莫测，民间有"一天有四季，十里不同天"的说法。这种自然环境非常有利于植被生长，植物种类数约占中国植物种类总数的十分之一，是世界上同纬度植被保护最完整的地区。随着海拔的升高，土壤中的矿物质分解加速，山上的钾元素含量可达到山脚处的三倍。北部的高山和丰富的植被形成了抵御冷空气的屏障，因此峨眉山的茶树在冬天也不会停止生长。

峨眉山的冬季

冬季峨眉山的云雾

雪落茶树

　　峨眉的霜雪，赋予雪芽茶特有的风味，长在高山低温环境中的茶树，芽叶里积累了大量氨基酸，与茶叶中的茶多酚、咖啡因形成黄金搭配比例，提升了茶的味道，鲜爽回甘。同时，霜冻会杀死茶树螨等害虫，降低了杀虫剂的使用率。诸多天然因素，令雪芽茶拥有特别的细腻滋味，口感鲜爽，香气浓郁。

　　春天来了，积雪融化，也到了采茶时节。峨眉山常年的云雾天气，使得明前茶的采摘时间十分紧张。每个茶园的采摘时间每年只有五天左右，而每个茶农一天只能采三四斤茶芽。因此，茶农有句老话说："早采一天是宝，晚采一天是草。"

　　对当地茶农来说，一年一度的春茶采摘就是与时间赛跑。优质的明前茶选材非常严格，首先只有当天新出的茶芽才符合收购标准；其次为了保证营养和口感，收购的茶芽必须是单芽，并且是有经验的茶农逐一采摘的，以保证每片茶芽的完整和新鲜。

顶级的雪芽茶取自最娇嫩的茶芽，茶芽呈卷曲状、娇嫩轻盈，一斤茶需要四万五千枚茶芽制成。为了保证每个茶芽的完整和新鲜，当地有经验的茶农都会使用提采法——用大拇指和食指轻轻地捏住茶芽往上提，逐一采摘每个茶芽。

茶芽卷曲

提采茶芽

大锅炒制

正如峨眉茶园的茶农官正海所说："武术和做茶，对手的灵活度要求都很高。"制茶人的手艺是除了地理优势之外，峨眉雪芽如此出众的重要原因。才采下的新鲜茶青要放入大锅中炒制，下锅时制茶人的手法要快，要在滚烫的锅里反复抛茶和勾茶。炒制之后，再放入藤条筐里揉茶，这中间需要制茶人不断地理条、压条。这些制茶步骤，无不考验着制茶人的手上功夫。

抛茶

揉茶

茶人需不断打磨制茶技艺，就好比习武少年须拳不离手。习武场内，少年们正在练功，一招一式中，王超的孙子稚嫩的眼神里写满了坚决，一如几十年前的他。空灵群山间，融茶于武学，茶对华夏传统文化精粹的影响，由此可见一斑。

精神禅修：
芦花庵尼师制茶

唐朝时，有两位僧人从远方来到赵州，向赵州从谂禅师请教何为禅。禅师问其中的一个："你以前来过吗？"那个人回答："没有来过。"禅师说："吃茶去！"禅师又转向另一个僧人问："你来过吗？"这个僧人说："我曾经来过。"禅师说："吃茶去！"这时，监院好奇地问："禅师，怎么来过的你让他吃茶去，未曾来过的你也让他吃茶去呢？"禅师唤了监院的名字，监院答应了一声，禅师说："吃茶去！"

湖北芦花庵

赵州老和尚的"吃茶去"，曾令许多佛教修行者百思不得其解，吃茶与禅修之间究竟有怎样的关联？在当家师父宏用的引导下，湖北芦花庵的尼师们将通过茶来实现修行精进。

芦花庵中有很多不同的方法可以应用于禅修的自我观照，比如种菜、制香、打扫卫生、做饭等。尼师们善于因地制宜，在任何可用的外部条件下实践修行，茶也是她们可利用的资源之一。在尼师和居士的打坐和修行中，茶有着重要地位。她们会喝不同的茶，但总体来说，由于食素，肠胃非常敏感，她们通常更喜欢发酵的红茶，这种茶对身体非常温和。

芦花庵位于皖鄂赣交界处，庵后的山上生长着野生茶树。宏用法师视茶和制茶为尼师和居士们修行自省的好机会，她组织尼师们采摘茶山上的野生茶叶，学习制茶。

宏用师父带着众尼师上山采茶

每个尼师都将制作一批茶，但这绝非只是关于制茶的学习，更是一次茶中的精神禅修。从禅的角度来看，茶的好坏根本不重要，重要的是在制茶和喝茶的整个过程中自身的观照，了解其本然。年轻的尼师们借学习制茶的契机，完成向出家生活的转变。

两位年轻的法师——语墨师父和刚刚剃度的若守师父，才开始追寻淡泊宁静的旅程，她们还没有把采茶这件事情当成是修行，但她们即将开始一段奇妙的旅程。

尼师们在采摘鲜叶之前，先举办了小小的仪式。宏用法师对大家说："首先我们要有一个感恩之心，它们（茶叶）是主人，我们是客人，管人家要好吃的来了。"采茶过程中，讲究的是每个人将自己的注意力专注在每一片茶上，在采摘的当下，心如止水。

志愿者在教尼师们做茶

本着佛法中和谐合作的精神，为了帮助尼师们把鲜叶做成茶饮，大师父请来志愿者，教授尼师们制茶的工艺。对尼师们来说，制茶最重要的是心念。即使十个人一同制茶，遵循完全相同的过程，每个人制成的茶也会有所不同。差异产生在各个阶段，从颜色、形状、质地、香气，到每一道茶汤的最终滋味。一杯茶，其实包含了制茶人所有的功课和心念，反映出制茶人的思想和态度。

鲜叶要一片一片挑拣

首先要挑拣鲜叶，看似极为简单的工作中藏着深刻的道理。若守将在择叶中开启修行之道，鲜叶挑拣如同修行，单调且耗时，没有任何捷径可以走。若守在挑拣中领悟到，人生都会碰到各种各样的障碍，这期间并不是一帆风顺的。

然后是揉茶。揉茶需要技巧，更需要定力。其中的奥秘是力道要轻，顺着一个方向揉制。语墨师父的第一次揉茶并不顺利，茶叶被揉碎了，但她在这一过程中，学会了接纳。她明白这就好比为人处世，没有人能够事事成功，学会接受失败，修行才有进步的空间。

茶叶经过了一夜的烘焙，已经制好，每位尼师都将自己做的茶精心盛放，并为其命名。每年，在制茶完成时，宏用法师会举行品茶会，让尼师们一起品尝和欣赏大家制作的茶叶。

制好的茶进行分装

师父们很期待品尝自己的茶叶。若守为她的茶取名"一叶绿长青"，她在自己的茶里尝到了一种清甜的味道，仿佛就像她喜欢与人和睦相处的性格。而语墨师父则认为，自己揉的茶"合喜度"是"最差劲的一个"。但这茶事中并无输赢，对语墨而言，茶的品质无须挂碍，经历制茶、喝茶的过程，就是禅中之意。

品茶会上，各位尼师自制的茶

寻求证悟的途中，总要同虚妄较量。茶以它独有的特质，带我们飞离日常，超越凡俗。

宏用师父

你知道这是好茶，但不执着于此；你知道这茶不好，但不抗拒。执念与抗拒是我们烦扰痛苦的本源。保持平常心或平凡感，在任何情况下都感到平静，那么我们就会安心。茶就像一面镜子，用来映照我们自己。当我们在茶中清楚地意识到自己的感受、情绪和想法时，就像清楚地看到另一个人，茶反映了现实，帮助我们入禅，开启自我管理。

任何时候，任何地点，你都应该看向你的内在，发现自我本质和真实本质。当你能看清自己的时候，你就能看清这个世界，看清身边的每一个人和每一件事。修行总是关于自身的心念。当带着困惑和虚妄过你的每一天或做任何事情时，你永远不会自在安适，更不用说开悟了。冥想能够锻炼感性和透彻，制茶也可以用来练习感性和透彻。

不用管结果，真正能够"一味"的时候，你喝出来的什么茶到嘴里，说白了，都是甘露的滋味，我们怎么着才能把这个"一味"带到日常中呢？赵州老和尚说的那句话：你要学会"吃茶去"，真正学会吃茶去。

INTERVIEWS

心里的桃花源：
现代茶会

茶席

茶文化的意义不仅在享用时的心旷神怡，它还关乎仪式、礼节和修养。人们开创全新的茶道，博采众长，既包含了工夫茶的传统元素，比如精致的茶具，也融合了日本茶道的仪式感元素，但无论如何，一杯好茶是待客之道的本真。由此生发的是感性的体会，精神的延展和哲学内涵的探索。这种现代的茶道根植于传统，不断追寻更完美的精神境界。

梁娟跟随茶道专家解致璋学茶，已经十三年了。解女士是现代"茶席"概念的提出者。茶席是喝茶的桌子，但是这一概念延伸到了喝茶的环境。喝茶时，将环境打扫整洁，精心布置，如同古画中营造的清雅氛围。

茶道专家解致璋

解女士认为，在某种形式上，茶道就像一个花园，是人们内心里的庇护所。它无须向外寻求，无论身在何处，我们都可以通过"茶席"的创意设计去找到。在茶席上，每一个人的桌面上会出现他生活的轨迹，这个人的喜爱和色彩观念，会慢慢聚集在他的茶席上面。茶道可以帮助培养对美学的感性和创造力，也可以让人们放松安定。因此，她鼓励大家尽量去创作，尽量去发现自己心里面想要表达的情感。

茶席

　　技艺精进之路，永无止境。解女士对国画也颇有研究。寻找一处意境幽远的山光水色之处品茶，是宋、明绘画里常见的画意。为追寻古意，回归人类本真的自然生存环境，解女士要带领学生们，远离城市的喧嚣，举办一场特别的户外茶会。"在自然里面跟在室内喝茶，有很大的不同。我们人本来是生活在大自然里面，听听风声，听听水声，听听鸟声，重新唤醒敏锐度跟反应力。比如，整个的桌面就很像漂亮的舞台，但是我们最后还是期待那一杯茶汤，很像我们在剧场里面等待那个主角出来。"因此，这次户外茶会的选址在繁华都市南面的山区，这里层峦叠翠，溪流潺潺，同时盛产茶叶。

将有百余人参加今晚的正式茶会,学员们早早到场,着手布置茶席。营造茶席的空间,就像经营一片画意,为品茶增加滋味。主人需要营造一个舒适的环境,让客人浸润其中。客人可以放松心情,安心沉淀,再细细地品尝茶汤,就更能享受品茶的情趣。

梁娟在布置茶席

户外茶会的核心是茶,茶主人的待客之道不仅表现在茶会的形式上,更表达在茶汤的美味之中。然而,想要在不可控的自然环境中泡出一壶好茶,并不容易,温度、光线和风向的变化都可能会影响茶的口感。因而,也更考验着茶席主人的技艺。

梁娟为客人倒茶

经过数小时的细心筹备，客人们到齐了，茶会正式开始了。梁娟备的是本地的高山乌龙茶，它在中国有三个主要的产区：广东凤凰山、福建安溪和台湾。乌龙茶的加工方式与冲泡方式最为复杂，也因滋味丰富著称，多次冲泡仍有余香，每一泡都有不同风韵。其中微妙变化，值得细细体味。

水唤醒茶叶的第二次生命，客人闻着茶香，细品茶汤。夜色渐浓，茶会也渐入佳境。解女士对这次茶会非常满意，"这样子的场面我已经想象很多次，就是进到画里面。"梁娟知道，今天茶会上展现的完美，得益于过去十三年的用心。一个仪式，一场雅集，今宵茶香，兼然幽兴处，意境深远，心随流水，澄明一片。茶道之妙，让很多人和梁娟一样，找到内心的桃花源。

夜晚的茶席

梁娟

有时候我们生活太紧张了，事情太多了。当我们在忙碌，遇到很多瓶颈，遇到很多困难的时候，我们能够静下心来，为自己泡一杯茶，实际上是一个很好的整理。因为我其实是一个个性还蛮急的人，就是做事情很快，但是学茶之后，我变慢了。

我们常会跟同学开玩笑说，好像学茶也才刚开始没多久。第一、第二年的时候，你觉得你已经快要学会了，泡的茶已经很好喝了，你可以招待你的朋友来喝茶。然后学到第三、第四年的时候，你突然会觉得，好像很不够。

我觉得泡茶这件事情对很多现代人来说，是心里的桃花源。脱离烦躁的工作生活，享受一下你自己花园里的那种美好。我觉得，我应该还是会跟茶在一起吧，应该可以跟它在一起很久，自己变得比较优雅，会很从容，比较有自信，会越来越开心，觉得我更自由自在。

在户外泡茶难度增大很多，每一次茶会就是一个挑战。很多东西你没有办法掌握，你不知道会怎样，这算是我的学茶之路里面，又一个不一样的体会。因为其实我们刚开始在学习的时候，我们一直都比较专注于怎么泡茶，学习用多少的茶叶量，然后用什么温度的水，或者是用什么方式出汤，慢慢地你会发现，你自己一直在成长，看待事情的角度会越来越广，会听到溪流的声音，然后会看到水有很多很多不同的颜色，参加这样的茶会，就觉得身边美好的东西很多很多。对我来说，我变得更加有心和体贴。我和他人的关系也改善了。对我来说，这是一个很大的变化。

INTERVIEWS

茶 生 天 涯

THE END
OF THE WORLD

贡献经济

月光茶农：
大吉岭的尝试

印度大吉岭

　　19世纪中叶，在印度最北端的大吉岭，大英帝国的殖民地，人们开始种植引自中国的茶树。如今，这里正从大英帝国工业制茶的历史中恢复，探索当地经济的新出路。

欧洲人从17世纪开始爱上了茶叶这种奇妙的新饮料，对茶叶的需求大增，尤其是英国。17世纪末，伦敦茶叶的进口量仅有五箱，而到19世纪中叶，英国每年要消耗几万吨茶叶。为此，他们不惜在殖民地砍伐森林来种植茶，一些早期的大型茶厂就建在印度大吉岭。他们聘用工人，工人们长时间劳作，但收入却甚为微薄。

砍伐森林种植茶园（资料图片）

大吉岭早期大型茶厂（资料图片）

马卡巴力是大吉岭最早的茶园之一，也是该地区第一个为印度人拥有的茶园，在此之前，当地的茶园从来都不属于当地人。马卡巴力茶园由一位名叫萨姆勒的英国军官建立，后来被一位名叫班纳吉的印度人接管了。如今，班纳吉家族在当地仍有非常高的地位。1970年，这个种植园传给了班纳吉的曾孙斯瓦拉杰·库马尔·班纳吉，他是家族的第四代接班人。人们叫他"拉杰"，在印度语中意思是王子。拉杰为自己家族和茶叶种植园的历史感到自豪。他说，他的曾祖父在印度茶业兴起时从萨姆勒手中接管的地块，至今仍被称为"Paila Khety"，即"第一片茶园"。

拉杰

然而，拉杰并没有止步于此。他要制作出品质最佳的茶，却不对土地造成伤害。拉杰在掌管马卡巴力期间，领导了许多创新。早在20世纪80年代，他便开始以有机化标准管理茶园，并因此而闻名。今天，大吉岭茶园的大规模生产或许即将终结。拉杰要带领大家发展起个体茶农经济。尼拉吉·帕拉丹对拉杰的计划至关重要，尼拉吉从小就跟随拉杰，拉杰对他像是父亲般的存在。茶农出身的他建立了一座茶叶加工厂，服务当地其他的种茶人，并与他们分享销售利润。印度有九亿小农户，拉杰希望这个项目能够增强女性地位，在印度所有农村地区复制，成为印度农民的灯塔。有尊严的草根企业家，是印度的未来，而小农户茶种植，是大吉岭的唯一出路。

大吉岭银尖

大吉岭茶园中的茶工

拉杰的愿景和大吉岭茶产业的历史格格不入，一切要从英国人试图摆脱对中国茶叶的依赖讲起。那时中国是唯一的茶叶生产国，垄断着茶叶贸易的价格。英国人发现，别处虽然有野生茶树，但是味道很糟。于是1848年，英国东印度公司聘请一位神秘的"茶叶大盗"——苏格兰植物学家罗伯特·福琼，将茶树带出中国，试图打破中国的垄断。

扫码观看

福琼来到中国的上海港，他伪装成中国人，将额发剃光，后面还留起了长长的辫子，成功蒙混过关。靠着这套行头，他前往中国内陆地区，偷学制茶的工艺，购买茶树的种子和幼苗，然后偷偷运回大吉岭，栽种在潮湿阴凉的山脚下。它们在那里长势非常好。1839年，第一箱印度茶叶在伦敦成功拍卖，并受到英国消费者的欢迎。从此，印度茶叶开始了它的惊人发展，超过了中国，印度成为世界上最大的茶叶生产国。

然而，拉杰对此不以为然，他认为茶叶"不能追求产量，而要追求质量。质量和产量不能等同起来。"大吉岭茶叶的质量不容置疑，它有着玫瑰香白葡萄酒的风味和麝香的调子，但拉杰对品质的追求几乎没有止境。他曾在祖父的日记里读到，满月之前和之后的三天，大吉岭茶叶的质量会出现一个飞跃。拉杰试图找到个中缘由，但是没人给他答案。拉杰没有找到科学证据解释满月的功效，但品尝过满月时采摘的茶叶后，他接受了祖父的观点。

从此，月下采摘成了拉杰例行的项目，即使他清楚，满月的采摘是象征性的。然而，不可否认的是，日月星辰的变化，象征着自然的韵律。采摘时，他们总是以一段自创的唱经开场，意思是："我们是永恒的，因为我们是大自然的一部分。"人们跟着简单的鼓点，边走边唱，举着火把前行，来到敬献的地点，在月光的指引下，开始祈祷。

月光的确对拉杰眷顾有加。现今，马卡巴力是大吉岭最著名的茶叶种植园之一。2015年，印度总理纳伦德拉·莫迪访问英国期间，赠送给伊丽莎白女王的便是马卡巴力茶园的"帝国银尖"茶。

月光下的银针

月下采摘仪式

荒园新生：
格鲁吉亚新茶

"叛逆茶农"汉斯和克里斯蒂娜

克里斯蒂娜和汉斯是格鲁吉亚的新一代茶农。三年前，他们还在爱沙尼亚的交通行业工作，从未涉足茶行业。直到有一天，汉斯开车到格鲁吉亚兜风时，偶然发现了一个被遗忘的废弃茶园。他说服克里斯蒂娜，和他一起租下这个茶园。从此，这片土地的旧日荣光得以重新焕发。渐渐地，在这个位于亚洲和欧洲的古老边界上的国家，有了一群人，他们在复兴一个与茶有关的梦想。

格鲁吉亚茶园

　　格鲁吉亚的茶园，从一段特殊的历史中发芽。1888年，一个叫波波夫（Popov）的俄国商人前往浙江宁波购买茶叶，在那里，他遇到了来自广州的茶叶专家刘峻周，便经常向他请教种植和加工茶叶的知识。后来，他邀请刘峻周到格鲁吉亚种茶。

　　1893年，波波夫和刘峻周购买了1000公斤的茶籽和1000棵茶树苗，招募了12名劳工，登上了一艘开往格鲁吉亚的船。该船从中国南海驶向印度洋，途经马六甲海峡，然后向北穿过苏伊士运河、地中海、爱琴海和黑海，最终停靠在格鲁吉亚的巴统港。

年轻时的刘峻周

中国茶工和格鲁吉亚人并肩工作，将茶苗栽种在格鲁吉亚西岸湿润的山区。他们种了80英亩的茶树。尽管经历了巨大的文化冲击，刘峻周和他的工人们还是成功了。格鲁吉亚第一个茶厂开办起来，用中国的方式生产茶叶。三年后，他们生产出了第一批优质红茶。此后，格鲁吉亚的茶产业持续发展，到20世纪90年代中期，这个国家种植了15万英亩茶树，茶叶年产量超过50万吨。刘峻周被称为格鲁吉亚的"茶王"，在1900年的巴黎世界博览会上，他精心挑选和制作的"刘茶"获得了世界金奖；1909年，俄国沙皇授予他一枚奖章，表彰他在茶叶生产方面的成就，他是第一个获得该奖项的外国人。他的一个儿子，还与一位当地的姑娘结了婚。

刘峻周最初的茶园

刘峻周把格鲁吉亚当成第二故乡。他的几代子孙继续着父亲的努力，加强和发展了中国与格鲁之间的联系——大儿子刘绍周主编的《俄汉新辞典》成为我国俄语教学奠基之作，次子刘维周与格鲁吉亚女子媛娜结婚，回国后担任兰州大学教授。孙女刘光文赴格鲁吉亚留学，现在是第比利斯自由大学教授、格中友好协会会长，也是格鲁及亚汉语教学第一人。

1917年，格鲁吉亚加入了苏联的历史进程，逐渐地，刘峻周在格鲁吉亚的生活变得前途未卜——在苏联时期，外国人是不可能做工厂经理的。1927年，刘峻周离开了格鲁吉亚，回到中国。后来，刘峻周留下的茶园都被国有化，优先开展大规模生产。历史资料显示，苏联时期，茶园里各种品种混杂生长，并开始使用杀虫剂和化肥。1991年苏联解体，茶叶生产戛然而止，产业陷入停滞。没有人知道谁是这些茶园的主人，短短几年，茶厂就成了一片废墟。

茶厂成为废墟

神奇的是，田野中的茶树还在生长。人类的干预退出后，茶叶和土壤自我净化了。这里逐渐形成了非同寻常的风土，造就出不同茶种和不同滋味的新组合。茶园的土地下，像一个充满惊喜的藏宝箱。拨开杂草，混沌中自有秩序，不同的茶和谐共生，有印度的阿萨姆茶，有中国茶，还有各种新杂交茶。不同的茶树生长速度各不相同，茶农们无法预测茶树何时可以采摘。但也正因如此，这些茶叶有着非同寻常的风味，能够产生出很特别的味道。

茶农们在采摘鲜叶

汉斯夫妇和刘光文女士

一百多年前，刘峻周来到新的国度，寻求财富，也播种茶文化。如今，这里还能看到他亲手种下的老茶树，还能听到老一辈人讲述这个非常严格、勤劳、公平、可敬的远东人的传说。今天，年轻的汉斯和克里斯蒂娜试着让这里的茶园重现荣光，他们相信，格鲁吉亚的茶在世界上有独特的地位，虽然还需要一些时间，但未来会再度光明。

岛上茶园：
亚速尔群岛的风土

亚速尔群岛上的格里纳茶园

　　茶的生命力极强，19世纪时，随着欧洲对茶叶的需求越来越大，地球上最偏远的地区也种上了茶。在大西洋中部，有一个与世隔绝的火山群岛——亚速尔群岛。其中圣米格尔岛上的格里纳茶园，是欧洲最古老的茶园。岛上的坡地非常适合种茶，但除了土地，茶还需要热情和毅力，有时候，最需要一家几代人携手与共的努力。

玛德琳家经营茶园的三代女性

自1883年以来，这个近13万平方米的茶园一直由同一个家族经营，通过六代女性传承了下来。如今，玛德琳·莫塔是茶园的主人。三十多岁时，玛德琳在欧洲大陆已经事业有成，但家人的呼唤，引她回归故土，经营岛上的茶园。

美琳达

茶园的开创者——玛德琳的曾曾曾祖母——美琳达·卡美拉，是一位睿智坚强的女性。19世纪末，岛上居民赖以生存的橘树遭受病害侵袭，可怕的枯萎病彻底摧毁了整片橘树林，经济崩溃了，美琳达和家人深陷困境，但她没有放弃，而是和岛民一起在高处的山地上种植茶叶，以寻求出路。

刘有潘和刘友腾

然而，由于缺乏种植与加工的经验，岛上的茶叶无法饮用，缺乏价值。幸运的是，1878年，两位来自澳门的华人——制茶师刘有潘和翻译刘友腾来到了小岛。他们受雇于米凯伦斯农业促进会，带来了必要的工作用具和大量茶籽。此后两年，他们将制茶技艺倾囊相授：从采摘、揉捻到烘干。在他们的帮助下，茶园拯救了这片岛屿。20世纪初，岛上有30多家茶叶生产商，出口约45吨茶叶，甚至在国际博览会上赢得了几枚奖牌，使亚速尔群岛的茶在欧洲具有独特的魅力。

然而，到了20世纪30年代末，由于出口国设置了关税保护，亚速尔群岛的茶销量越来越少，再加上第二次世界大战之后人口大量移民，无数家庭离开农村，导致劳动力稀缺。慢慢地，茶园一个接一个地关闭了，许多茶园甚至被用来放牛。

废弃的茶厂

　　格里纳是岛上仅存的两个茶园之一，玛德琳的父母并没有关闭格里纳，既是出于对茶园的爱和对家族遗产的信心，也是为了工人们的生计。作为岛上的最大的雇主，玛德琳的家人坚持继续经营格里纳，工人们和茶厂主携手，共渡时艰。

茶园的雇工

目前，格里纳的年产量为35吨茶叶，必要时，可通过机械方式增产到42吨。为了促进业务发展，稳固茶园的未来，玛德琳尝试多样化生产，茶园种植了七个品种的茶，生产包括橙黄白毫、碎叶红茶和富含单宁风味的绿茶。

科学家正在研究保留茶氨酸

玛德琳还和亚速尔大学开展合作，科学家在分析了格里纳的茶后，有了惊人的发现——相比世界其他产地的茶叶，格里纳的茶中，茶氨酸含量更高。茶氨酸是一种稀有的氨基酸，天然存在于茶叶中，含多种益于人类健康的元素，能够提高人类的睡眠质量，减少患阿尔茨海默病与帕金森症等疾病的风险。科学家帮助玛德琳优化茶叶加工流程，以最大程度保留珍贵的茶氨酸。

亚速尔群岛有黏质土壤和酸性土壤，使得茶叶芳香细腻，加上该群岛受墨西哥湾暖流的影响，气候温和，茶树没有害虫和寄生虫。如今，得益于玛德琳家族的坚持不懈，茶仍然在格里纳茂盛生长，茶文化在亚速尔群岛依然鲜活。

一叶茶千夜话
ONE CUP
A THOUSAND STORIES

玛德琳在茶园中

玛德琳

　　这里到处是我的童年记忆，小时候听到制茶机器工作的声音，就知道学校要放暑假了，格里纳开始茶香四溢，令人心生愉悦。我依恋这片土地，如果我选择了不同的人生，一定会心存不甘，会懊恼自己对格里纳茶园毫无贡献。

　　经济崩溃了，我的曾祖母却鼓起勇气，开创新事业，她在高处的山地上种茶。她向前看，勇于面向未来。她并没有认为人生就此毁掉了。如果我有时间机器，我想回到那个时代，亲证历史。我坚信这就是我们传承的珍贵传统，格里纳有化解难题的神奇魔力。

　　我和祖母的关系很好，她教会我要公正，要努力工作，要热爱格里纳。格里纳就像一个大家庭，作为管理茶厂的第五代女性，我深感重任在肩。我们把自己的钱投进去，保持工厂运转，人生在世总要冒些风险，有得也有失。人们开始认同，我们的努力会带来光明的前景。

INTERVIEWS

地球另一端：
新西兰乌龙茶

新西兰的茶园

　　在新西兰的北岛上，茶从远方移植而来，制茶业的弄潮儿，正在拥抱全新的技术和科学，创造出一系列茶饮新品，开展着一场前所未有的茶的实验。玺龙茶园是第一家在亚洲之外生产乌龙茶的茶园，也是新西兰唯一的茶园。

　　三月，北半球正是一片春意，而在赤道之南，玺龙茶园的采茶工人，已经开启了秋季的采摘。眼前发生的一切可以说是个奇迹，这些特别的茶树背后，有着非同寻常的经历。它们起初是由一小批扦插苗培育而成，二十多年前，从中国经海运远道而来。

台湾商人陈俊维于20世纪90年代移民新西兰。1996年，陈俊维和家人喝乌龙茶时，听到邻居在院子里修剪树枝的声音，他们便与邻居攀谈起来，询问这是什么植物。当邻居告知他们这是山茶花时，一个奇妙的想法突然出现在陈俊维脑中：山茶花和茶树很像，如果山茶树能在新西兰生存，是不是茶树也可以呢？由于思念故乡乌龙茶的滋味，陈俊维决定从亚洲引进扦插苗。

　　这是个疯狂的想法。他们把1500棵扦插苗运到新西兰，完全不知道这些茶株能否活下来。因为新西兰有严格的植物检疫制度，要求扦插苗不能有根，不能带土壤，入境后须在大棚内隔离10个月之久，之后才能植入新西兰的土地。

　　最后，茶在地球的另一端创造了奇迹。经过10个月的隔离，有130棵茶株顽强地活了下来。这130棵最顽强、最精壮的茶苗，在新西兰顽强生长，不断繁育。

扦插苗入土

起初，邻居们都很好奇，不知道他们在种什么。于是，陈俊维主动邀请邻居们来参观，给他们泡茶，告诉他们这个新尝试。2009年12月，玺龙茶园推出了第一款商业茶叶产品。直到今天，茶园已经培育出120万棵茶树。让人惊喜的是，新西兰的寒冷气候对于茶叶种植来说，恰是一件好事，能够促使茶树把营养都供到人工采摘的顶部的三片叶子上，让这些鲜叶肥硕多汁，滋味丰富。

秋季，工人们在采茶

人工采摘鲜叶

茶园鲜叶

接下来，创新者们的目标更高了，他们要培育真正符合国际标准的有机茶，追求超乎寻常的纯度和味道。为此，他们需要高科技设备。玺龙茶园的元老级员工德雷克，熟练操控一部定制的机器人设备。其技术来源于日本，设计灵感则来自法国葡萄酒庄所用的机器，被茶园里的人戏称为"变形金刚"。能根据茶树间的间隔，调整它的宽度，还能升降底部，来清除地面的障碍，用它来修剪茶树，还能在茶树间除草，还可以耕地，极大节省了人工成本，还让茶园从此告别了人工除草剂和杀虫剂，成为真正的机械化有机茶园，走在了世界的前沿。

底部可升降的"变形金刚"

"变形金刚"在锄草

　　玺龙茶园的茶厂生产三种茶叶茶品：绿茶、乌龙茶和红茶，它们的原料是从同样的茶树上采摘下来的，而将它们制成不同品种的茶，则需要不同的氧化程度。控制好氧化的程度，就决定了茶的色泽和滋味，这难度不小，因为茶叶从摘下来的那一刻，就开始分解和氧化，他们要和时间赛跑。为了跑过时间，他们建了一座庞大的温室，用来控制温度、空气流动和湿度，从而控制茶的氧化程度——工人根据经验来判断，一旦他们认为达到了合适的氧化水平，就会加大空气流动，提高温度，来瓦解促进氧化的酶，终止了茶叶的氧化。

温室内的茶叶

即使身处地球"最下端"的一个偏远角落，陈俊维也总是想把生意做得更大。这个开拓创新的茶园还有最后一张王牌——他们专门为鉴茶者生产每年最早的春茶。因为茶园春茶的采摘在十一月，他们可以将春茶卖给北半球还在过冬的客户。

从新西兰到海外，从亚洲到欧洲，乃至美国，这些来自地球另一端的茶销售火爆。这茁壮生长在南半球的茶，要感谢那些来自北半球的植物，和人类智慧的结合，创造了这无与伦比的茶滋味。

玺龙茶园的春茶

▶ 扫码观看

可以用苹果来解释不同的茶：一个刚切开的苹果就好比绿茶，直接在新鲜的时候，采下来就吃；乌龙茶是有一点氧化的，好比切开的苹果放了一会儿，边上的颜色开始变深了；红茶就好像放了一夜的苹果，表面颜色已经全部变成褐色，但是里面是好的，就是说它被氧化了。

全球茶叶枢纽：
迪拜茶叶中心

迪拜

工厂加工的茶

    沙丘与荒原中，茶树无法生长，却长出了21世纪的繁华都市与全球茶叶枢纽。迪拜当地不种植任何茶叶，却对来自13个不同国家的茶叶进行加工拼配。如今，这里已经成为世界上最大的茶叶再出口地。茶叶拼配师们聚集于此，调制香茶，供全球千百万人享用。

阿联酋的居民，每天要喝掉近两万公斤茶，其中大部分都消耗在天黑后的街边茶饮店，当地人称之为"喝流水茶"，这是迪拜当地的社交传统。他们会从日落后的几个小时一直到凌晨，开车在镇上转悠，相互大声打招呼，取"卡拉克茶"外卖，这种茶对城市的夜猫子来说，是一种甜蜜的嗜好。

阿联酋的居民享用"流水茶"

喝"流水茶"不需要下车，只需按一下车喇叭，茶饮店的工作人员，会用托盘把你的卡拉克茶端到你车窗前，即便有几十辆车同时鸣喇叭，也大可放心，工作人员会看到你，记录了你的时间，也会记得给你端茶的。不同的卡拉克茶卖家，口味也不尽相同，有些会多放一点豆蔻，有一些则少放一点糖。

服务员将茶送到车窗前

街头流水茶是风格浓烈的愉悦体验，但它只是经过此地茶叶中很小的一部分。由于阿拉伯联合酋长国试图改变其经济对化石燃料的依赖，于是允许五种关键商品进出该国，几乎不用付关税，其中就包括茶叶。同时，由于拥有得天独厚的地理位置，使迪拜成为拼配世界各地茶叶的最佳位置。大量的茶叶在这里汇聚，通过利用这里储存的大量茶叶，每一种拼配茶都可以进行精细定制，以满足特定地区的口味需求。

茶叶拼配

茶叶从世界各地汇集于此，在24000平方米的迪拜茶叶中心，进行分拣、拼配、打包，然后再运往世界各地。迪拜茶叶中心的一个月的吞吐量可冲泡一百亿杯茶。如今，阿联酋的茶叶再出口约占全球茶叶再出口的70%，迪拜成了全球最大的茶叶贸易枢纽。

迪拜的进出港口

茶叶中心的仓库

　　每年有四千万公斤茶叶，经由迪拜茶叶中心处理，来自包括印度、肯尼亚和中国在内的主产区，这些茶会在茶叶中心进行处理打包，然后运往世界各地。这里的工厂一小时能制作十万个茶包。很多茶叶大品牌都与茶叶中心合作，省钱、省时、省心，他们就可以专注于自身产品。把拼配味道的活计留给这一新的茶叶之都。

普拉迪克是一名顶级的茶叶拼配师，和很多国际茶叶商业精英一样，他也在阿联酋定居。最近，他接到一位俄罗斯客户的订单需求，希望为他制作一款味道较浓的拼配茶。完成这项工作，对于普拉迪克来说，仿佛面前展开了一张空白画布，而这些不同滋味的茶，犹如多彩的颜料，他需要选择合适的茶，就像为客户创作一幅画。因此，他将拼配茶形容为一门艺术。

普拉迪克在拼配茶叶

拼配茶被大量生产

　　当普拉迪克感到他的拼配茶配方，能够完全满足俄罗斯客户的要求后，接下来，他就要扩大生产规模，让研发成果从实验室走上工厂的传送带，他们需要先做一批茶，看看质量如何，如果有需要改进的地方，他们还会进行第二轮的调配。拼配机器轰隆隆启动，将普拉迪克所选的世界各地的茶混合起来。又一款定制拼配茶从茶叶中心的生产线下线，将被运往远方，给它们所专属的味蕾。

普拉迪克 茶叶拼配师

迪拜的居民，来自世界上105个国家，每个国家来的人都有不同的喝茶方式，全世界的茶叶口味都可以在迪拜找到。

茶叶不是一种简单的产品，我给你沏杯茶，你可能喜欢，我给别人沏同样的茶，他可能完全不喜欢。因为茶的味道取决于你多年间养成的口味。你的文化背景也会影响你对茶的偏好。

拼配茶不是在电脑的表格里完成的，这不是什么逻辑和科学，也不要求你做得非常精确，它更像是艺术而非科学。我们在拼配茶的时候，总是会想这茶终究会是谁来喝？这些茶会进入怎样的家庭？这茶在哪些特定的时刻，将如何影响人们的谈话？我无法知道所有的故事，但我愿意去了解。

效率高的时候，我们一天能品一百多杯茶，茶叶原料来自五六个不同国家，第一口茶最令人印象深刻。我们让茶在口腔中打转，抵达舌头的每个部位，去感受它的甜、苦、咸、鲜。茶从不骗人。我怎样评价这杯茶并不重要，任何喝过这杯茶的人都知道这茶究竟好不好。

INTERVIEWS

生发文化

治愈良药：
抹茶在日本

日本的抹茶粉

⏵ 扫码观看

荣西是十二世纪的佛教僧侣，是他最早将抹茶引入日本。十二世纪时，日本频繁出现毁灭性的自然灾害，洪水、瘟疫、火灾横行。荣西认为，是人们从未遵从佛法的教诲，导致妖魔猖獗，疾病肆虐。于是，他于1187年远赴中国，来到天台山的万年寺，开始了高强度的苦行禅修，与此同时，他也开始和中国僧侣一样，通过喝茶来净化心灵，放松身心。

在日本，茶不仅是来自中国的一项出口商品，它从一开始就意义非凡，它是一种理念，在僧人心中常驻，是治愈所有疾苦的良药。

一叶茶千夜话

ONE CUP
A THOUSAND STORIES

四年后，荣西回到日本，也将茶籽带回了故国。他在九州岛的北部建了许多禅寺，并种植茶树，教会当地人如何种植与加工作物。1202年，荣西获得了镰仓幕府的支持，于京都建立建仁寺。71岁那年，荣西撰写了《吃茶养生记》，是日本第一部详细介绍茶的药用特性，如何种植及加工茶叶并磨成茶粉的著作，当中引用了不少中国书籍的内容，来证明茶能有效地改善人的身体状况。

荣西雕像

建仁寺

荣西的吃茶理念慢慢在日本流行，广受推崇，日本文化的一枝奇花从此绽放。荣西于74岁时去世，被安葬在建仁寺内。每年的4月20日，寺庙都会举行荣西诞辰纪念活动。直至如今，人们依旧尊崇他，感谢他为日本带来的变革。

于微尘小事中参禅

僧人浅野利通是一名禅僧，也是建仁寺的向导。他出生于1979年，于1997年受戒成为佛教徒。他举办讲座，讲解日本传统茶道和禅宗礼仪，这些都是现在日本广泛接受的茶道的基础。

每日清晨，浅野喝下的第一杯饮品，一定是抹茶。和八百年前的荣西一样，浅野眼见日本迷失，仿佛一切重演。他认为，人生是艰难而残忍的，深爱之人离世，工作过于辛苦，都会让人痛苦不堪。人们需要训练自己，坚定内心，保持觉知，坚强面对，才能逾越这些苦难。以茶养身，以禅修心，这就是浅野的安心之道。

清晨第一杯抹茶

抹茶的做法是将干燥后的绿茶，磨成非常细腻的粉末，喝茶时，注入滚烫的开水，搅拌均匀。这种翠绿的茶粉微粒，口味苦中回甘，可作药，可养生，延年益寿。

抹茶

制作抹茶所用的茶叶，在建仁寺的平成茶园里悄然生长。茶园里种植了近30棵来自中国的茶树，如今，它由河野玲子母女守护着。为了形成抹茶浓郁的风味，她们要沿用传统的种植方法。春天，她们将纱布挂满竹竿，阴翳之下，叶片努力争取光照，变成深绿色，风味也更为强烈。

河野玲子母女

循着荣西的道路，浅野想要推广抹茶以及日本传统茶道，让今天的日本人能够健康安好。在软饮料和便携咖啡盛行的现代日本，浅野持着满腔热情，为孩子们开设传统茶道课程。他告诉孩子们，如果没有荣西传播茶文化，就没有今天的日本。浅野相信，如果人们能对茶常怀感恩之心，茶文化就会受到人们的喜爱，饮茶会再次在日本流行，传统也将得到延续。

挂满纱布的竹竿

浅野在给孩子们讲解茶文化

浅野利通

　　荣西去中国学习禅宗和佛教，回到日本告诉人们，禅宗是多么美妙。他还带回了茶，因为他意识到茶对人们的健康有很大帮助，想在日本推广茶叶。荣西在他的《吃茶养生记》一书中阐述的全都是关于茶的内容。

　　我想，荣西曾担心人们会认为绿茶是一种奇怪的茶饮，是奇怪的新宗教僧侣喝的。他不想给人这种印象。他想看到人们有每天都喝茶的习惯，通过茶，让人们对禅宗有更多兴趣。

　　有一个广为人知的故事：在幕府源实朝（镰仓时代的第三任幕府将军）宿醉时，荣西为他端上了一杯浓浓的抹茶。源实朝从宿醉中醒酒之后，对抹茶赞叹不已，由此绿茶在日本变得更加出名。

　　如果荣西没有把茶带回日本，那么现在的日本茶文化就不会存在。我认为是荣西禅师促进了日本茶文化的蓬勃发展。他为此做出了巨大的贡献。多亏了荣西，不光是茶，也有了茶器，茶道也得以诞生，茶室建筑由此诞生，还有许多其他日本文化和艺术得以诞生。

INTERVIEWS

社交新风：
英式下午茶

伦敦布朗酒店的下午茶点心

　　茶不仅塑造了中国的茶文化，其影响力也向西辐射到万里之遥的英国。17世纪，英国引入了茶。到了18世纪中叶，饮茶成为社交活动，盛行于非富即贵的上层女性中。她们生活闲适，不愿止步于展示美丽和装点风雅，更要求强调女性的地位和权力。因为在社交活动中，女主人往往是领导者，她们为社交定下规则，并决定选用的茶品。

18世纪中叶，英国上层女性在享用茶

茶中加奶

到19世纪，英国人喝上了浓郁的红茶，它们来自当时大英帝国的各个殖民地。为了适应英国人的味蕾，茶的苦味需要被大大中和，要加入牛奶、糖、水果、鲜花甚至是香料，此外，茶饮在此间还生长出了新的文化现象——下午茶。

茶中加糖

最初，饮茶活动只流行于上层阶级，他们可以借此机会向友人炫耀自己昂贵的瓷器。后来，随着东印度公司的茶叶供应增加，茶叶价格变得更实惠，也更加容易买到。逐渐地，英国社会的新阶层也能够享用茶，专门的下午茶室、下午茶舞会也慢慢在英国普及。

伦敦布朗酒店因其下午茶而闻名，到处都弥漫着稀有的芬芳。酒店团队追求尽善尽美的味觉体验，并以能够提供24种不同的茶而自豪。每到周末，酒店的会客厅便坐满了客人。布朗酒店的甜点主厨瑞斯·科林，要让酒店的下午茶有更多一层感官享受，他的目标，是让客人体验最正宗的英式下午茶——用法式甜点的制作技巧，做出有英国特色的英式甜点，真正呈现顶级的下午茶。

下午茶是午餐和晚餐之间漫长时段的过渡，可以吃东西，但不能大快朵颐，不然对于贵族女性来说，"就太不淑女了"。因此，下午茶中的食物，都要小巧精致，适于入口，可盛在小碟子里用叉子来吃，或者用指尖拈起来吃。

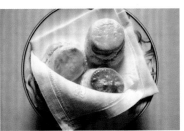

布朗酒店的下午茶点

而侍茶师卡罗则钟情于研究特定的茶如何巧妙地与特定的食物搭配，从而呈现出远超于它们简单相加的效果。他来到英国茶学院，这是一所欧洲顶级的茶研习学府，他将在这里，学习茶和食物的搭配知识。掌握了新知识后，卡罗开始研究，哪些茶和瑞斯的美味创意最为相称。他们尝试不同的组合，寻找隐藏的和谐，细腻的融合。

卡罗和瑞斯在尝试茶和甜点的新搭配

经过不断品尝，他们选择了口感顺滑、带有一丝坚果味道的乌龙茶，将其与巧克力、肉桂、香料进行搭配，味道立即提升了一个层次。正是这种无穷的可能性，让卡罗对茶充满了热情。当他设计出一份特别的茶单，并得到人们的享受与认可时，他能感受到前所未有的喜悦。

茶与甜点的搭配

简·佩蒂格鲁　英国茶学院专家

茶和食物的搭配，对很多人来说，还有些陌生，多数人觉得茶就是早餐时喝一杯，仅此而已，或者只把茶单纯作为饮品，他们不觉得茶可以和美食搭配。其实，茶和甜点搭配，会激发第三种味道，两种看起来毫不相干的事物相结合，会创造出全新体验，搭配得当，会很特别。

我会让学生们探索哪些茶和不同的甜食、咸食最搭配。他们要先喝茶，再品尝食物。有些浓郁的茶，例如锡兰茶，适合搭配的食物就很多，我们（英国）下午茶的传统食物，锡兰茶通常都能很好地搭配。

卡罗　侍茶师

如今，茶已经成为喝咖啡前后的首选饮品。人们喝茶比喝酒多。在现代社会里，有采用不同葡萄酿造的混合葡萄酒，茶也变成了各式各样的混合茶，有些人会选择熟悉的混合茶，比如伯爵茶，还有大吉岭红茶、阿萨姆红茶混合茶等。人们寻求新的体验，上茶也因此变得更加复杂，光是提供茶水变得更具挑战性，我们经常需要为客人品茶。

拼配茶取决于各季节采摘的茶叶。我从2017年开始，就去大吉岭春摘。去年，我们采用了大吉岭的夏摘茶来调制混合茶。拼配茶通常提供给在伦敦的游客，也有很多英国家庭顾客带着孩子一起来，孩子们喜欢热巧克力，有柠檬草和生姜搭配，花茶和黑香草也很受客人欢迎。

上周日我们有170桌下午茶，我们为此开放了一半的酒吧空间。每组客人可以停留2小时。有时候，我会邀请做三明治的厨师出来和客人交谈，围着桌子走来走去，和客人谈谈食物，对客人来说，这是一种不一样的体验，他们能够向厨师反馈自己喜欢什么，不喜欢什么。当人们享受你的茶时，那感觉真好。

INTERVIEWS

生活核心：
茶在蒙古草原

蒙古牧民在煮奶茶

蒙古与中国和俄罗斯相邻，有着广袤的原始地貌。在蒙古，茶是生活的必需品，占据着他们生活的核心，不仅提供着营养和生活的慰藉，还是信仰的媒介，帮助人们与神灵和祖先建立联系。

据记载，蒙古人的饮茶历史，从十三世纪成吉思汗的时代开始，在元代逐步流行。一般而言，蒙古的茶为奶茶，从藏族的酥油茶演变而来，符合游牧民族的饮食习惯。饮茶文化发展至今天，已经深深地根植于蒙古人的日常。尤其在冬天，茶让草原上的人们感到温暖充实。蒙古人有句俗语说"好茶胜过淡饭"。如果喝了一杯食物一样的好茶，那么这一整天就没有必要吃饭了。

茶砖

牧民博拉尔和他的妻子以及他们的三个孩子住在一起。妻子图门正在准备蒙古最受欢迎的奶茶，也就是苏台茄。在蒙古农村的大多数家庭中，早茶仪式标记着一天的开始。蒙古

煮茶的锅

主妇通常起得比任何人都早，她们要为早餐准备茶，并进行后续与茶有关的活动，例如茶奠和奉茶，为家人准备好"一日三茶"。因此，这里的人们通常说茶是女人的颜面，一个主妇的茶和奉茶质量，可以影响人们对她的评价。

煮茶的过程大约需要十五分钟。首先，在一个大锅里将水煮沸，然后向锅里加入茶叶。茶煮开后，女人会加入新鲜牛奶，并用勺子多次舀起奶茶汤，再倒回锅中混合。舀起的次数越多，奶茶的滋味就越好，否则，煮出来的茶就会涩口。期间，她们会加入适量的盐和酥油。最后，香气会告诉她们，茶已经煮好了。

煮好的奶茶

图门从大锅里舀出第一杯茶，走到外面，把茶朝向天空泼洒，然后再向大山和草原泼洒，象征蒙古牧民对天地自然的崇拜和尊敬。蒙古草原的游牧民相信，人世间的种种都和神灵的世界息息相关，他们希望祖先和神灵能够保护他们，朝朝暮暮吉祥如意。

整个冬季，博拉尔一家都在躲避强劲的西风。如今，春季来临，他们开始了南迁，去寻找更丰茂的牧场。家当装了满满一车，他们要颠簸四个小时，才能抵达新的定居地。一路上，图门和博拉尔驱车带着两个最小的孩子，年长的男孩们负责照看六百头牲畜，那是他们家的全部财产。

博拉尔举家南迁

由于蒙古人这种独特的游牧生活方式以及分散居住的特点，他们总是很热情好客，无论是远道而来的客人，还是萍水相逢的路人，或是左邻右舍的朋友，他们都会以茶相待。主人不需要开口询问，就会端来热腾腾的茶，因为在蒙古，有句俗语叫"没有茶，丢人脸"，给客人端茶是彼此心照不宣的约定。

博拉尔在饮茶

除了日常饮用和待客，茶还和蒙古的宗教仪式及灵魂缠绕在一起，被用作与神灵联系的圣水。博拉尔从小就想做牧民，以前常常逃课回家，照顾家里的牲畜。他认为，和别人相比，牧民们拥有自由，独立生活，自己做决定，不需要听别人的安排。但是他相信，有一种比人类更强大的力量。

在蒙古，萨满是神与人之间的中介者。博拉尔的哥哥多吉就是一名萨满，在此之前，他曾生过重病，发生车祸，遭遇了许多不幸。后来，多吉被告知他有异能——一位祖先的灵魂降临人世，附到了他的身体里——2011年，他接受了这一神灵，成为一名萨满。

每年春季，多吉都会从四十公里外的乌兰巴托郊外到博拉尔家举办祭火仪式，这是一种萨满仪式，人们邀请祖先的灵魂来给家中净化。博拉尔的大儿子被马咬伤了耳朵，神灵首先为他祈福，清除他的厄运。祈福过后，祭火仪式正式开始，敬给火神的第一份礼物是伏特加，然后是羊的胸骨肉，当中填着在奶茶中浸泡过的百里香。当神灵进入萨满的身体后，萨满的助手向神灵致意，并向神灵敬茶。在博拉尔看来，茶是献给神灵最好、最有代表性的礼物。

将羊肉献祭给火神

萨满带着这一家人一起祈祷。去年发洪水，他们失去了许多牲畜。近几年的草也长得不好，他们放牧的日子越来越不好过。他们祈祷神灵帮助他们摆脱厄运，让这个家庭不再有痛苦和忧伤。仪式结束，生活恢复了往日的宁静。图门很欣慰，因为神灵喝了她煮的两杯茶。他们相信，神灵喝过茶后，他们的生活便不会再有困难，日子也会慢慢变好。

情感承诺：
槟城婚礼甜茶

槟城的情侣

在亚洲著名的交易中心——马来西亚的槟城，来自不同国家的文化在此交汇，数以万计的人在这里萍水相逢，其中便成就了一对情侣。王应倩的祖籍在中国的海南省，邢诒林则是槟城当地土生华人的后代，交往四年后，他们决定迈入新的人生旅程。

几个世纪前，来自中国的商人初到槟城，便带来了茶文化。从此，茶一直在当地人的人生大事中，扮演着重要角色。现居马来西亚的华人，他们的祖先大多是17世纪从中国闽粤地区迁移过去的，同时也带来了中国沿海一带的风俗文化，茶文化便是如此。茶，是此间华人化解乡愁的信物。闲暇时泡上一壶茶，与朋友品茗，是当地华人生活的写照。

马来西亚土生华人婚礼用到的茶

　　婚礼就在两天以后，诒林感到开心又紧张。马来西亚的婚礼有一个必不可少的环节，夫妻二人要分享同一杯茶。除此之外，敬茶也是极为重要的环节。新婚夫妇在彼此的父母前行礼，然后为他们奉上一杯甜茶，既是感恩父母的辛苦付出，也是从此两家人变成一家人的郑重承诺。当公婆接过并喝下新娘敬的茶，就意味着接受她成为家庭的成员，也表示男方的家人表示会照顾她。从此，新娘便有了男方的姓氏，也开始了新的人生。

　　这杯特别的茶，要在婚礼前一天准备。应倩的母亲来到市场，亲自挑选关键的材料，包括红枣和龙眼，代表甜甜蜜蜜和期待男孩的降临。母亲用这些满含甜蜜的材料，祝福女儿幸福美满。

夜幕降临，新郎的家人聚在一起举行传统仪式，为新郎送上祝福。仪式的场景，让诒林不由地思念起他去世的母亲。当年，她不幸得了癌症，来不及亲眼看到儿子进入婚姻殿堂。诒林既感慨人生无常，也认为应当更加珍惜身边的所有人。

诒林的家人来为他送上祝福

大喜日子到了，宴席的准备工作有条不紊地展开。楼上，应倩对镜梳妆，镜中是她梦想中的新娘模样。一袭红色嫁衣，配以精致的头饰，宝石流苏半掩花容。

新娘在打扮

乌龙茶

此时，应倩的母亲正在厨房准备婚礼用茶。煮茶用的第一种材料，是从福建漂洋过海而来的乌龙茶叶，因其独特的幽香而备受喜爱。紧接着，红枣去核，文火慢炖，蜜饯冬瓜产生淡淡甜味，而龙眼又散发出一股浓郁的果香。馥郁甜蜜，通常不是乌龙茶的熬制风格，但这特殊的日子，与茶之甜香，最为相宜。

红枣去核

甜蜜的配料

许多年前，应倩的母亲结婚的时候，她的母亲也是亲手为她准备同样的茶。如今，时光辗转，她也成了女儿婚礼的备茶人。来自母亲的祝福，藉由浓郁的茶香，代代相传。

在伴郎们的簇拥下，诒林来到现场。他在众人面前大声地宣读誓言，承诺应倩是他的挚爱，今后会宠她，绝对不会骗她，负责让她开心。之后，掀开头纱，应倩从此开始了另一段人生。

婚礼上的敬茶

婚礼上的第一杯茶，敬给应倩的父母，新婚夫妇感谢父母的养育之恩。应倩的父母喝下茶，表示他们接受了诒林这个女婿，并祝福这对新人从此幸福美满。

到了诒林的家，应倩要向诒林的父亲敬茶，请求得到他的祝福，父亲喝过茶后，应倩还要向诒林已故的母亲敬茶，希望她的在天之灵，也能祝福这段婚姻。茶有一种特殊的凝聚力，连通了两个世界。

执手共饮，茶让诒林和应倩跨过门槛，与过去的日子道别，携手开启新的人生。

婚礼上新人共饮茶

茶香
无界 Tea without
limits

茶融百味

餐茶搭配：
侍茶师的魔法

约翰斯顿与李韵之在选茶

　　茶要持续创新，才能赶上不断变化的时代。而茶的创新，既需要重传统习俗，又需要勇于突破。"清饮"本是鉴茶的传统，说的是单独品味一杯好茶，不增风味，不佐美食。但在国际化大都市上海，有两位偏要反其道而行之，探索茶的全新领域——餐茶搭配。

约翰斯顿是一位高级餐厅的厨师，李韵之是一位热情洋溢的茶艺师，他们将彼此的才艺结合，用星级美食搭配优选茗茶，这股方兴未艾的潮流，竟能造化出神奇体验。

餐茶搭配的新尝试

　　约翰斯顿开在上海的餐厅LUNAR，以二十四节气为主题，为了迎接夏至的到来，他们将打造一套精美的新食单。整个菜单包含十道菜，搭配四种茶，茶的味道起初淡雅，随着食物味道的逐渐浓烈，茶也愈发浓郁，为食客带来一次味觉唤醒之旅。但此时，主菜仍然悬而未决。

茶叶盲选

他们首先在李韵之的茶馆,甄选来自中国各地的当季优选茶叶。在这个过程中,约翰斯顿非常投入和认真,他必须尝遍所有的茶,"像双盲测试一样",慢慢摸索出经验。他们在茶馆一待就是一整天,常常会忘记了时间。

初步选定两款茶后。约翰斯顿开始构思与之搭配的主菜。在LUNAR餐厅 所有食材都必须是应季的,遵循二十四节气的饮食规律。炎热的夏天,清淡爽口的西红柿,有益于身体平衡。约翰斯顿在市区外的有机农场找到了合适的西红柿。

本地采购的新鲜食材,决定了这道主菜的创意,约翰斯顿决定,主菜用和牛小排,配以有机西红柿。西红柿的处理方式,结合了四川地区常见的风味。配菜则是以牛肉和烟熏蛋黄做馅的卷心菜包。对约翰斯顿来说,选用合适的茶来搭配这口感丰富的菜肴,是一种艺术。

和牛小排

有机西红柿配菜

　　人类的味蕾，可以品尝到五种基本味道——甜、咸、酸、苦和鲜。但滋味却是一系列不同的感受，不止于味道，质感和气味都影响我们对滋味的判断，这意味着人类可以感受到几乎无限多的滋味组合。这些滋味和茶相配，可以产生感官的爆发，愉悦的快感在唇齿间碰撞，犹如一场交响乐，多种滋味混合交融，超越了任何单一味道所带来的味蕾享受。

　　当然，茶与食物需要搭配得当，才能达到这种效果。从备选茶里，李韵之和约翰斯顿选了两款来搭配主菜。一款是来自福建的老白茶，枣香沉郁，茶汤凝厚，与果汁近似，它有药茶的盛名，有益于排毒和平衡身体，另一款是乌龙茶，来自广东的蜜兰香单丛，以香型独特著称，是浓郁蜜香和淡雅兰香的结合。

蜜兰香单丛茶汤

仔细品尝后，他们一致认为蜜兰香更合适，因为它既有香味，又散发着烟熏坚果的气息，这让他们很惊喜。蜜兰香有着浓郁的花香，加上强劲的单宁味道，与牛肉的厚重口感很配。而蜂蜜和兰花的香气，也与西红柿的甜味相得益彰。

这份餐茶搭配的独特菜单，也让食客们喜出望外。罗勒和柠檬水引导味蕾，乳鸽和蜜兰香单丛的结合，为客人带来前所未有的难忘体验。

优质茶与高端美食的搭配艺术是一个全新领域，充满活力，以创新的口味，来激发茶客与食客的兴趣，也为美妙的精品茶带来全新的消费人群。

约翰斯顿 主厨

　　我出生在马来西亚的一个中国家庭，五岁时搬到了新加坡，我在新加坡长大，我工作过的所有餐厅都只有葡萄酒，所以茶对我来说是一种全新的事物。

　　在LUNAR，我们是把茶当作一道菜。在两道菜之间上茶，能把不同的菜肴联系起来。品茶，吃菜，再品茶，味道更加纯粹。茶不是菜的附属，二者并不冲突，相反很和谐，这就是LUNAR的餐茶搭配理念。

　　古人言：不时不食，就是说不吃不合时令的食物。我们的菜单很有季节性，要遵循二十四节气，除了腌制食品，都要使用当季的新鲜食材。我会去逛市场，了解新鲜的食材。我们和供应商关系很好。我们问他们，春天有什么时令蔬菜，他们还会告诉我们这些菜产自哪里。如果就在上海，我们就亲自去采。我想茶也是一样的，每种茶都有最佳饮用季节，为了寻求最佳的口感，我们会根据时令调整茶单。

INTERVIEWS

李韵之 侍茶师

我从2011年开始喝茶，并对茶产生了兴趣。2015年前后，我在上海租了一个场地，开了这家茶馆，茶馆名叫做柿空间。

我觉得餐茶搭配这个概念很有意思，我认为它是受到西方文化中餐酒搭配的影响而产生的。我注意到，上海很多厨师都想做餐茶搭配，这是一个新方向、新趋势，以一种全新的方式来推广中国文化。

茶和酒，一样还是不一样？我认为它们非常相似。葡萄酒看重风土，而茶讲究山场。同时两者也有很大的不同，葡萄酒的味道和口感更浓烈。对于不熟悉茶味的人而言，茶的香气比酒淡得多，是非常中式的温和含蓄的香气。

在餐厅里，我们的味蕾已经体验了很多菜肴的味道。而茶味清淡，所以人们很难完全品尝并体验每种茶的独特性。我们的原则是要能体现茶的真正风味和味道，我们必须让人们觉得茶和菜搭配得很好。顾客吃着菜，喝着茶，觉得它们在嘴里是完美的搭配，有一加一大于二的效果。

那个感觉，哇！就是让我觉得精神好像稍微振奋了一下。约翰斯顿喝完茶，就整个人很开心，然后就一直在笑，就"哈哈"这样。我觉得这是人最真实的反应，我们喝到一个茶，匹配到一个很好吃的食物，我们就会忍不住很开心地笑。我觉得我自己也是这样，这是发自内心的一种快乐吧。

装瓶的使命：
冷泡茶在美国

美国人的冰茶文化

　　自从茶第一次来到美国，美国人就创造了自己的喝茶方式。从十九世纪开始，他们制作加糖、烈酒和果汁调味的"潘趣茶"。冰茶在美国拥有非常庞大的市场。来自中国茉莉花茶之乡的陈薇，希望用一瓶高质量的冷泡茶，搅动美国的冰茶市场。

　　陈薇在中国长大，十几岁时来到美国，美国的冰茶让她感到非常震惊。她发现美国瓶装茶有很多糖，她称之为"快餐茶"，其制作方式跟150年前完全相同——经销商送来糖浆或浓缩液，餐厅再向其中加水，"茶很甜，品质很差"。 陈薇内心萌生出一个念头，她要重新定义冰茶。

传统的美式"冰茶"

陈薇的"小薇茶吧"

陈薇制定了一个雄心勃勃的计划，她要推出一款新产品——冷泡即饮茶。冷泡茶与美国市场上的冰茶完全不同，是真正的泡茶——在冷水中浸泡较长时间的茶，缓慢地冲泡茶叶，让时间代替温度来释放香味。

2014年，陈薇成立"小薇茶吧"，开始在地下室泡茶并出售。在这里，她和顾客一起尝试各种口味，她学习着用美国人的思维，去理解他们喜欢的饮品口味，同时，茶饮店也为她未来的瓶装业务提供现金流准备。当彼得·格莱斯顿走进这间茶饮店，陈薇的好运也出现了。彼得擅长将手工制作的饮料推广到大众市场，他们一拍即合，决定一起将即饮茶的瓶装生意做大。

陈薇在制作冷泡茶

美国的冰茶市场由几个大品牌把持，挑战他们的唯一方法，就是要走出去，遍访各州，寻找最佳的合作伙伴。然而，由于陈薇是冷泡茶行业最早的先锋之一，她的手工冷泡茶口味新奇，虽然拥有巨大的潜力，但却需要自己摸索，从零开始。从

陈薇在向制造商讲述自己的理念

没有人在工厂量产过冷泡茶，陈薇走遍了全美各地，向酿酒厂和制造商推销自己的理念，给他们讲她的设想，寻找可以帮助她的团队。

　　陈薇成功说服了位于弗吉尼亚州的萨密特饮料厂，她距离将冷泡即饮茶推向大众，又近了一步。为了让茶的口味更加完美，陈薇在萨密特厂的研发实验室里，和团队一起，完善冷泡茶的基础配方——浓缩果汁，这是她的洛神花红茶饮的重要原料。他们不断地尝试调配不同的比例，从50%，到11%，用量十分精确。在细节问题上，陈薇从未如此执着。

陈薇的团队在实验室中调配茶饮

瓶装茶饮生产线

团队克服了重重困难，茶的滋味达到了陈薇想要的效果，他们成功地提升了茶的味道，这是制作新式茶饮最难的一步。之后，陈薇还需要亲自去挑选高品质的茶叶，比如草莓罗勒红茶和芒果柠檬草绿茶，将茶叶混合、冲泡，用冷水浸泡茶叶24小时，然后将茶叶、茶水和香料装瓶，送到工厂的生产线，在那里制茶、装瓶，贴上陈薇最新设计的标签。

陈薇的业务不断增长，冷泡茶的生产规模从9万升增长到45.5万升，从手工、小批量生产到大规模生产，她将继续扩大瓶装茶的产量。"在一个由像立顿这样的大型供应商主导的市场中，我们将是第一家，也是唯一一家试图以这种方式达到规模化的小型茶企业"，陈薇说。

陈薇

如今，陈薇的公司拥有14个分销商，打入了全美数百个商超，冷泡茶的概念，也因为这位年轻的女性企业家，在美国变得愈加流行。

陈薇　"小艾冷泡茶"创始人兼首席执行官

　　我十八岁那年来到美国，到了波士顿，我点了杯茶，以为会得到装着干茶叶的杯子和热水，但是美国的茶不是那样的，对美国人来说，茶就是冰茶。后来我第一次喝到了冷萃咖啡，我深受震撼，才知道饮用体验可以如此不同，它口感丝滑，一点儿也不苦，很香，味道浓郁。当时我就想，这也太好喝了，好棒，那我们能不能这样做茶呢？当时没有人这样做茶，于是我就开始进行试验。我当时都不知道自己在干什么，这个概念太新了。

　　我有个笔记本，上面记录了我的所有配方，慢慢地，我学会了如何利用这些原料，制作清爽顺滑的好茶，就好像我是第一次喝茶一样，那种充满魔力的瞬间是我想要捕获的，我想把它装在瓶子里。过去十二个月中的所有付出，定瓶子、定标签、艺术、设计、运输、原材料……感觉要做完上百万件事情，那个液体才能从罐子里流出来，然后装瓶，盖盖。我的人生，我的故事，我的使命，都装在一个瓶子里。

　　我出生在福建省福州市。我在奶奶家度过了很多夏天。我很小的时候就爱玩给人泡茶的游戏，大概三岁吧。我奶奶家有一个后院，种满了香料、鲜花和水果，我还记得院子里随风飞舞的茉莉花花瓣，我现在只要想到家乡，脑海里就会浮现这些场景。真希望我的爷爷奶奶还在世，可以尝尝我的茶，我很好奇他们会觉得怎么样。

INTERVIEWS

彼得·格莱斯顿 "小艾冷泡茶"的投资者和顾问

　　陈薇的小茶饮店，藏在我当时工作的啤酒厂的阴暗角落里，我们一位共同的朋友，建议我去见见陈薇。

　　当我见到陈薇是怎么做茶的时候，我的脑子里就像有一盏灯被点亮了。我心想，天啊，茶是美国人喝得最多的饮品之一，仅次于水，这是精酿啤酒的茶叶版。迟早会有人注意到她的茶的，一切只是时间问题而已。

　　陈薇要找到合适的合作伙伴，就不能只在谷歌上搜索"冷泡茶制作厂"，因为没有工厂做这个，她需要自己想办法，把这些样品都做出来。但是，在自家厨房做出的美味，换到别的地方再去做的时候，我们往往无法还原出同样的味道，因为这完全是两回事，很多公司就败在这里。为了这瓶茶，陈薇付出太多了。

年轻的味道：
珍珠奶茶的故事

珍珠奶茶

有一种珠圆玉润的茶饮，颠覆了茶饮行业，席卷了年轻人的市场，并且在持续散发魅力。那便是珍珠奶茶，这是一种混合饮品，基本配料包括茶、冰、牛奶、糖，以及最重要的材料——木薯粉圆。

这种流行饮品并非对传统的颠覆，恰恰相反，其灵感正是源于古代中国茶的传统中，对不同口味的探索与融合。它以中国茶为基础，融合英国人加奶的喝法，而极有辨识度的木薯粉圆则原产自南美洲。

林秀慧是珍珠奶茶的发明人之一，1987年，十八岁的她得到了一份工作，在台中市的一个传统茶馆给客人冲泡乌龙茶。这间茶馆的老板刘汉介是一位鉴茶师。当时，他们还在用传统的方式，以壶为单位，售卖乌龙茶，顾客并不太多。尤其在炎热的夏天，滚热的茶汤对许多顾客都没有吸引力。

　　想要更好地发展，刘汉介的茶馆就需要突破传统。为了寻找灵感，刘汉介开始深入研究茶文化的历史。他出乎意料地发现，原来，改良茶饮口味的传统，甚至可以追溯到宋代。刘汉介开始尝试把不同的茶制作成冰茶，用摇壶泡茶，发明了冰镇泡沫红茶。不仅如此，他还鼓励年轻的林秀慧，在这个基础上继续创新。

传统泡茶方式

市场卖的木薯粉圆

1988年的某一天，林秀慧突发奇想，她尝试将童年最爱的零食木薯粉圆，加到茶里面。木薯珍珠开始是白色、坚硬、无味的，然后在巨大的、冒泡的大桶里煮沸，在焦糖糖浆中浸泡几个小时，直到最终它们变成我们所知道的黑色木薯珍珠。"珍珠"有着妙不可言的弹性，和恰到好处的嚼劲，这种特别的口感，在年轻人口中被称为"Q"。

在茶中加入奶和珍珠

珍珠奶茶刚问世，就在短短的几个月内，超过了茶馆所有冰茶的销量，占销售额的80%以上，广受欢迎。也正是因为珍珠奶茶，刘汉介第一次看见，人们竟然在茶馆前排起了队。

如今，在社交媒体的助推下，珍珠奶茶已经随处可见，仅在台湾一地就有超过21000家珍珠奶茶店，而且正在不断开拓市场，成为全球流行的茶饮。而珍珠奶茶的含义也不断发生日新月异的变化。牛奶可以是全脂或脱脂的，也可以用杏仁奶和椰奶等非乳制品替代，还可以不添加牛奶，做成一种纯冰茶或果汁饮料。"珍珠"可以大如弹珠，也可以小如豌豆，有黑色的，有红色的，还有晶莹剔透的。其他配料也早已扩展到木薯粉圆之外，有仙草、芦荟、杏仁果冻、奶油布丁、红豆、意式奶冻，甚至奥利奥饼干，各种搭配五花八门。正如林秀慧所说："茶的面貌是很多样的，茶的世界是很宽广的，没有什么不可以。"

多样的珍珠奶茶

林秀慧 珍珠奶茶发明人之一

我在市场长大，从小记忆最深刻的就是，会有个阿婆，用个扁担，担着热乎乎的粉圆。跟妈妈讨个五毛钱，就可以吃到一碗。粉圆热热的时候，真的是很Q，很甜，很好吃的。

18岁左右开始，我就在春水堂工作。当时这还是一家传统的茶馆。我总是带着木薯粉去上班，因为那是我最爱吃的零食，我也会和其他员工分享。

我也爱喝茶，那我就想能不能试看把它们加到一起，这样我就可以同时吃。我把茶叶泡好，加粉圆，加糖，加冰，摇一摇，就变成一个很漂亮的茶饮。我觉得自己像一个魔法师。

当时，已经发明了冰镇泡沫红茶的刘汉介先生，让我用泡沫红茶制作新的配方。我就放了些木薯粉进去。我们先是偷偷地在店里试销了一个星期的珍珠奶茶，然后才告诉给了刘先生。

如果没有刘先生发明的泡沫红茶，我就无法创制出珍珠奶茶。在他之前，还没有冷饮茶，茶也从来都不是一杯一杯出售的，所以我觉得，刘先生才是那个开拓者。

要泡一杯好茶。你需要找到合适的技术，所有配料的分量要合适：茶、糖浆、牛奶、冰块和木薯粉。我现在是春水堂的产品总监，负责监督产品的各个方面，包括从每个季节亲自挑选茶叶供应商，开发新配方，培训员工，到改进饮料等。

我们有一个研发部门。我们也会组织不同的活动让所有门店参与竞争，让员工"玩"饮料，鼓励他们想出自己的配方。赢得比赛的员工可以把自己的创意饮料加在饮料单上。

INTERVIEWS

刘汉介　春水堂创办人

40年前，我写了一本关于茶文化的书，所以很多人来我这里学习。为了这本书，我走遍了全球，了解不同的人是如何喝茶的。我用出书赚的钱开了我的第一家店，然后我在店里教茶文化和卖茶。

台湾继承了很大一部分闽南文化。在这种文化中，大多数人只知道一种茶——乌龙茶。如果你问我爸爸喝什么茶，他会告诉你是乌龙茶。我爷爷的答案也是一样的。我们喝乌龙茶的历史已经有300~500年了。闽南人只用小壶泡茶。传统茶俗称"老人茶"。这种茶只有老人喝。我需要拓展业务，想给年轻人带来一款好茶。

我在宋朝的文献里面看到一段很有趣的记载，他说，夏天的时候他喝了一杯加冰的蜜茶。我就觉得非常的惊讶，宋朝怎么有冰啊！给我一些灵感，回来我就改变了中国茶的一个喝法。我将茶从热的变成冰的，并做成一杯一杯的（出售），以前没人这么做过。

我在店里摆了一个小摊位来卖这些冷饮茶，结果很受欢迎。冰镇饮料生意甚至比我店里的传统茶生意还要好。我都不敢相信冰茶比传统茶更受欢迎，所以我开了第二家店来测试。结果很成功。我开始混合不同的配料，如酒精、牛奶或者果汁之类的。当时一碗刨冰只要5元。我的冰饮茶卖12元。但是大家都喜欢冰饮茶，也愿意买。

我们用的是锡兰红茶。锡兰红茶的茶叶供应是世界上最稳定的。如果你有好茶，你就成功了一半。其次是糖，我们用的是甘蔗制成的红糖，熬成糖浆，就像我们的奶奶一辈人过去做的那样。即使现在我们在工厂里加工配料，我们所有的门店经理也都需要学习如何制作糖浆。

一叶茶千夜话
ONE CUP
A THOUSAND STORIES

雨林的祝福：
厄瓜多尔的新潮流

吉列尔莫的家人在享用早茶

在南美洲的厄瓜多尔，人们对咖啡的喜爱显而易见。不管是在亚马孙雨林深处，还是在喧嚣的首都基多，许多厄瓜多尔人，用咖啡唤醒新的一天。但吉列尔莫·贾林和他的家人则不同，他们的早餐，弥散着茶香。

吉列尔莫对茶一往情深，深情给予他勇气，他要挑战咖啡在厄瓜多尔饮品市场的主导地位，让爱好咖啡的厄瓜多尔人，都迷恋上茶中苦涩与清甜兼具的风味。很多人对他说，这是异想天开的事情，但他坚持认为，在厄瓜多尔销售量不及咖啡十分之一的茶，其潜力一直被低估了。

吉列尔莫认真挑选拼配茶的原料

吉列尔莫突破重重难关。在学习并获得侍茶师的资格认证之后，他创立了一家小公司，从零开始，打造一个新的茶品牌。然而，茶饮市场被很多古老而传统的大品牌占据着，吉列尔莫清楚，作为后来者，自己的主要职责是为茶叶市场带来颠覆性的创新。因此，他创造了很多拼配茶，使用许多不同类型的茶叶作为基础，将它们与各种花、水果、草本植物和香料结合在一起。

但是，要媲美厄瓜多尔的咖啡，征服年轻一代消费者，他有一个更加新颖的计划——开发一款咖啡因含量较高的拼配茶。为了开发这款产品，他前往亚马孙雨林的深处，寻找古老的盖丘亚部落。

盖丘亚人

上千年来，盖丘亚人祖祖辈辈生存在这片森林里，在部落文化的核心，有一种非常特殊的叶子——瓜尤萨树叶。瓜尤萨不属于传统的茶树，而是冬青的一种。瓜尤萨天然富含咖啡因和多酚，但咖啡因含量比咖啡少，不会带来紧张、焦虑等常见的副作用。早在公元500年，瓜尤萨就已经被用来制作让人提神清醒的草药茶。

瓜尤萨树叶

三种混合的原料

吉列尔莫准备用香气浓烈的瓜尤萨，来试验创造新型拼配红茶。他将亚马孙红茶、中国茶以及瓜尤萨茶三种植物混合，古老的饮品便焕发新生，成为富含咖啡因的现代茶饮。试饮过后，盖丘亚人对这款令人神清气爽的新式茶饮赞不绝口。

盖丘亚人试饮新茶

当33岁的吉列尔莫创办Tiptyptia Multiples茶饮品牌时，他就有一个宏大的使命目标：他要与厄瓜多尔安第斯和亚马孙地区原住民妇女合作，帮助她们及其家庭创收，同时通过商业化的方式，保护原住民植物和社区文化特征之间的联系，保护生物多样性。以下是吉列尔莫的使命宣言：

"我们使用厄瓜多尔安第斯和亚马孙地区原住民妇女手工种植和采摘的有机草药和水果，制作成世界一流的混合茶。我们支持公平贸易、有机农业、农业生物多样性以及拯救我们国家原住民社区的祖传知识。我们对社会和环境负责。我们支持为原住民妇女赋权。我们定期购买他们的产品，从而为他们提供稳定的收入来源。"

亚马孙的原住民妇女

2017年12月，吉列尔莫代表厄瓜多尔参加了在瑞士日内瓦举行的联合国全球创业周，该创业周中选出了来自世界不同地区的10个项目，展示了如何协调商业和目标。Tippytea Blends赢得了这一荣誉，原因是其为实现关于可持续利用陆地生态系统的目标及其保护自然生境的目标，关于可持续社区的目标，特别是关于保护文化和自然遗产的目标，做出了卓有成效的贡献。

吉列尔莫与亚马孙原住民合作的基地

吉列尔莫现在的忠实客户，大多是年轻的消费者，他们越来越重视符合道德准则的商业生产，非常认同Tiptyptia Multiples的品牌理念。现在，吉列尔莫想开拓出口市场，将厄瓜多尔的本土风味介绍给世界。他说："我们想成为世界茶的代表品牌，分享我们的文化，分享我们的身份，分享来自厄瓜多尔的当地产品。"

吉列尔莫 *Tiptyptia Multiples* 创始人

　　对我来说，茶绝对是一种社交饮品，是一种"圆形饮品"，我说的"圆形"是指它将人们聚集到一起，人们围绕在茶杯的周围闲谈。我认为在任何一个国家，喝茶的文化都是这样的。我对茶和创业非常好奇，我开始搜寻、查找、研究所有与茶有关的知识，并决定学习成为一名品茶师。

　　与我合作的这个亚马孙原住民社区大约由250个家庭组成，他们的土地真的很少：在上面有自家的住房，然后在自家后院生产。大部分的种植和采摘是由妇女完成的。我决定和她们合作，让她们在家庭环境中创造额外的收入，融入家庭的经济动力中，同时，拯救所有这些原住民社区的传统和代代相传的知识。

　　Tippytea Blends还使用安第斯山的其他植物，如安第斯山的洋甘菊、薄荷和柠檬草，多亏了我们国家奇特的水果和草药，（我们的茶）是一种不同于世界上其他茶的价值主张，我们希望与世界分享这一点。

　　在联合国贸易与发展会议的背景下，联合国通过了对Tippytea Blends的启动支持计划。毫无疑问，这是我在整个商业生涯中获得的最重要的奖项之一，能够作为所有厄瓜多尔公司的里程碑，并表明了这个国家有一种负责任的原材料供应理念。

INTERVIEWS

宇宙的味道：
来自东京的全新茶体验

櫻井真野

　　东京，往日的小渔村，如今地球上人口密度最大的城市之一，这里的先民品尝过最早一批来自中国的茶叶。大约两千年后，在表参道区的一栋不起眼的建筑里，在一位"离经叛道"的茶叶大师手中，茶，正在经历着一次转变。

　　櫻井真野，日本最具创新精神的茶艺师之一。十七年来，他精耕细作，不断完善自己的技艺，成为一名茶艺大师。之后，他开始尝试打破传统的限制。如今，他是"櫻井日式茶体验馆"背后的幻想家，致力于通过实验，改造茶的传统，打造出一种涉及所有五种感官的茶体验。

在创作时，樱井先生非常重视对季节的感受，并希望通过茶的味道表现出来。谷雨时分，正是农民耕种的时节，春雨正促进着万物生长，云卷云舒，烟雨蒙蒙。樱井先生仰望天空，寻找灵感，想要提炼出谷雨的精髓，且并非从尘世的视角，而是共情于天际。他闻到一种想象的味道，这令他兴奋。

樱井在自然中寻找灵感

樱井先生即将开展他迄今为止最大胆的实验，探索一个他未曾涉足的领域——他想要创造一种不曾存在的茶的味道，同时，这杯茶还能够唤起肉身之外的体验，带领品茶者前往日常生活所不能到达的地方，他称之为"新核心概念"。

樱井想象中的宇宙世界

他想到宇宙，这个概念让他着迷。宇宙是无尽的黑暗，但只需一颗星星就可以被点亮。因为宇宙是永恒的，所以樱井真野想要创造一种可以萦绕许久的味道，并且，一定要好喝。

樱井的大胆创新依赖于他对味道的深刻认知，这认知来自广泛的原料及其组合。实验开始了。协助樱井先生实现大胆创举的，是与他志同道合的助手米莉。从十四岁时，米莉就迷上了茶，对她来说，茶是命中注定的事。

櫻井和助手米莉

　　首先，他们要选择能够代表春天的、富有生命力的绿茶，作为茶的基调。其次，是焙茶的配料，他们想要创造出"太空的味道"。于是，1克香橙种子，代表宇宙起源；0.2克的薰衣草和樱花，代表春天盛开的花朵；继续加入姜、艾草和鲅鱼干，丰富味道的层次；最后，再加入0.2克的立花，颜色宛如火星、木星和土星。这个实验的挑战难度很大，他们要通过自己的想象力，加上无数次的尝试，每个细节精确到0.1克，才能得到令人惊喜的味道。

香橙种子

薰衣草和樱花

代表行星颜色的配料

精确到极致

调配"宇宙的味道"

　　终于，宇宙拼配茶完成了。所有的创作都需要观众，两位饶有兴致的客人跃跃欲试。樱井先生请她们品尝后，说出自己的感受。他希望，品茶者能够传达出，自己在做茶时脑海里浮现出的景象——飞跃太空，感受宇宙的起源。如他所愿，客人在品尝过这非同寻常的茶之后表示，她真的闻到了被阳光晒热的青草味，也感受到了"广袤空间里的生命力"。

拥抱时代

风土之味：

马拉维单一庄园拼配茶

塞特姆瓦庄园的工人在采茶

位于非洲东南部的马拉维是第一个商业化种植茶叶的国家。在马拉维的高山区，有一个塞特姆瓦庄园，庄园是家族产业，由亚历山大·凯管理。庄园雇用了大约2000人，供养着16000人的社区，是马拉维最古老、规模最大的茶园之一。

塞特姆瓦庄园

机器将茶叶撕开

制茶工厂

在马拉维，茶叶是仅次于烟草的第二大出口商品。然而，马拉维出口的茶中，80%都是低端的茶包。半个多世纪以来，塞特姆瓦庄园都在大规模生产低等级的机械茶。他们使用常见的红碎茶生产技术"CTC"，也就是切开（cut）、撕开（tear）、卷曲（curl），这种方式为80%的茶叶生产商所用，大量的茶叶在制作过程中，被逐级切成越来越小的碎片，制成一种粉末状红茶，能够快速冲泡，味道强劲。

近年来，全球袋泡茶的价格持续走低。塞特姆瓦要与超大型的茶叶企业竞争，由于缺乏足够的规模，利润也急剧减少，陷入尴尬的处境之中。"生意越来越难做了。"亚历山大·凯难掩对生计的担忧。他开始尝试研发新茶，并给全球各地的爱茶人士寄去样品，试图找到更多顾客，挽救庄园。

亨利埃塔·洛弗尔是一家茶叶公司的创始人，人们都叫她"茶女士"。她的工作是，走遍全球，直接从世界各地茶农手中采购茶叶。她是一位鉴茶行家，也是独立茶叶品牌的拥护者。

某天，塞特姆瓦的样品寄送到了亨丽埃塔的手中，此后，庄园迎来了一道曙光。这包精品茶非常让人意外，因为马拉维大部分出口的茶叶产品都是非常低端的茶包。来自塞特姆瓦庄园独特的风味打动了亨利埃塔。几周后，她便登上飞机，来到马拉维。她拜访了亚历山大·凯，希望能够说服他，放弃原有的生产方式，迎接改变。

亨利埃塔与亚历山大在视察茶园

面对市场的萎缩，茶园需要创新，也需要新产品。要想在市场获得更高的回报，就要摆脱对于工业化生产廉价茶的依赖，专注于研发和生产精品手工茶，因为精品茶的利润空间更大。亨利埃塔的到来，让亚历山大重拾坚持下去的信心和动力。

塞特姆瓦的茶园

　　塞特姆瓦的茶园具有非比寻常的，多样化的风土。风土指
一个地方特定的环境因素，包括土壤的pH值、坡度、与山川
树木的关系、早上的日照、日照的时长等，所有这些因素结合
起来，让一片土地与众不同。在塞特姆瓦的最高处，大约海拔
一千二百米的地方，那里茶树生长缓慢，所以茶叶的甜度更

高；而低海拔地区的茶叶生长较快，因为那里更干燥，所以它们味道更淡。仅仅一个茶园就可以随着气候的差异，而产出多种风味，就像葡萄酒，年份不同，味道也会有微妙的差别。亨利埃塔敏锐地察觉到，塞特姆瓦的茶叶潜力无限，她从未见到过有如此多样性的茶园。

调制拼配茶

通常，早餐拼配茶所采用的原料，来自世界各地，不同的茶叶组合在一起，风格协调统一，因此，来自单一庄园的拼配茶极为罕见。亨利埃塔计划，将整个庄园的精华荟萃在一起，调配出新的"英式早餐拼配茶"。

但这个过程并不简单，他们要将浓淡不一的塞特姆瓦茶以不同比例混合，调配出来的茶汤须醇厚，滋味要丰富，并能够与丝滑的牛奶交融在一起。资深制茶师奇索莫负责主要的调配工作，他在塞特姆瓦工作将近二十年了，他细腻的味蕾是拼配茶的利器。

学校中的小学生

终于，他们成功了，亨利埃塔将这款单一庄园拼配茶命名为"迷失马拉维"。"迷失马拉维"集众望于一身，是当地人的生计所在。塞特姆瓦庄园资助了村里的一所小学，为上千名儿童提供教育，还为职业妇女开办托儿所，并提供培训机会。塞特姆瓦是马拉维第一家转型生产高回报的精品茶的庄园，走在了变革的前沿，前程光明。

亨利埃塔 · 洛弗尔

有一天，我在伦敦的办公室里，收到了一个包裹，上面每一寸都贴满了充满异域风情的邮票，内附一小包特色精品散茶的小样，它来自塞特姆瓦庄园，我曾经天真地认为，这里的茶都是很便宜的商业茶，都是工业生产的，装在茶袋里。但出乎我意料，那是极其浓郁的红茶。

它如此醇厚，浓郁，饱满，富有层次，它有种很厚重强劲的口感，让我惊喜，我心想这可能是拼配好茶的基础。

一块土地的茶叶贡献一点坚果味，另一块土地提供丰富的焦糖味，我们可以做出饱满、丰富、神秘、令人兴奋的茶！

我从未见过如此有多样性的茶园。我觉得这是对这个家庭，这片土地和这些人的一种证明，证明他们不甘平凡，想做些不同凡响的事。

凯琳 · 纳穆洪德　茶园现场主管

塞特姆瓦赋予了我力量，如果我没有工作，就没法让我的孩子们上学，现在我的孩子们向我要学费和零花钱，我能给他们，因为我在塞特姆瓦工作，我的工资可以满足他们的一切需求，因为塞特姆瓦茶园雇用我。

INTERVIEWS

茶乡未来：
西湖龙井探索振兴模式

杭州桐坞村

　　龙坞镇桐坞村，坐落在浪漫的杭州西湖旁。温暖湿润的微气候，加上厚厚的多孔表层土壤，使这里成为种植优质绿茶的理想之地。村庄周围绵延起伏的山丘上，是郁郁葱葱的茶园。这里出产中国最负盛名也最昂贵的绿茶——西湖龙井。然而，即使每公斤茶叶价格可达两万元，西湖龙井核心产区也正面临着持续发展的难题。黄丹丽是家里的第六代茶农，对于家乡茶产业的未来，她有一个雄心勃勃的计划。

在中国大多数的产茶地区，茶树会在十一月至来年二月进入休眠期，养分储存在茶树的根部。从三月开始，茶树从休眠状态中苏醒，从根部吸取养分，这些营养便集中在芽和叶子中。清明之前采摘嫩芽加工而成的茶叶，口感顺滑，香气浓郁，是一年中最顶级、最精致的茶叶。茶农们

龙井新芽

要紧紧抓住这短短不到一个月的最佳采茶期。他们顾不上睡觉，争分夺秒地赶在清明节前采摘完毕。整个春茶季二十几天，要熬十几个通宵，黄丹丽笑称"已经是从小就这么过来的"，用母亲的话来说，就是"一定要坚持下去"。因为，从三月中旬到四月中旬的劳动所得，基本上是茶农一年的收入。

忙碌的采茶季

测量确定茶叶是否可以采摘

龙井鲜叶

茶青采下之后，细胞中的植物化合物和酶遇到空气中的氧气，会发生氧化，产生较浓的麦芽味，还会增强单宁的涩味。制作绿茶，必须抑制这一氧化过程。许多绿茶由机器炒制，但顶级西湖龙井大多是手工炒制的。炒茶是个辛苦活。炒茶师傅将茶叶扔进滚烫的锅里，用手按压茶叶，完全靠手部的感觉来完成这项工作。茶叶被高温杀青，但又不完全干透，在不烧焦的前提下，让茶叶呈现出微妙的坚果味道。这个过程中还要非常小心，防止茶叶折断或弯曲。

手工炒制龙井茶

▶ 扫码观看

黄丹丽的父亲黄洪章，在近五十年的制茶生涯中，从学徒到中国十佳匠心茶人之一，勤勤恳恳，亲身经历了一个高度专业化的工匠时代，他把自己的整个职业生涯，都奉献给了茶。机器炒制的茶并不能达到他所要求的完美程度，因此，他还会最后做一次手工辉锅成型。锅底的高温烫伤了他的手，他对此习以为常。现在，他更担心的是，现在的年轻人吃不了种茶、做茶的苦，也许不久，西湖龙井将后继无人。

黄丹丽的父亲正在炒茶

　　事实上，桐坞茶农的未来也正岌岌可危。在四川和贵州等其他省份，只需向茶叶生产商支付每公斤六百元人民币的价格，就能购买"西湖龙井"，从中获利。桐坞村的茶农无法与外省的假冒"西湖龙井"低价竞争，许多人放弃了自家的茶园。黄丹丽的父亲，已经"学徒都没有的带了"，因为年轻人大多离开家，去往城市谋生。他们认为，制茶是一项艰苦的工作，且无利可图。村里三百多户种茶制茶的人家，老龄化严重，守着自家的茶园自顾不暇。

采茶的老人

　　只有32岁的黄丹丽回来了。医学专业的她，原本在一家医药公司工作多年。四年前，她的父亲说自己已经年老体弱，无法继续经营家族事业，于是，黄丹丽毅然选择放弃在大城市的生活，回到家乡，决心振兴家乡的龙井茶。在黄丹丽眼中，选择回乡是一件很自然的事情，因为茶早已融入到了她的血液里。她的母亲起初并不赞成她放弃城里的工作，回家做茶，但是黄丹丽对她说："你不要怕，我行的。"

黄丹丽

我原来是做医疗行业的，后来，突然（有一次）生病住院了，我觉得可能要改变一下我的人生。所以我就辞职，回家来做西湖龙井了。

西湖龙井，是我们家世世代代传下来的一个行当。我的长辈，比如说我祖父、我曾祖父，去世以后基本上都是埋在我们家后山，自家的茶园里。

我只是觉得有责任继续下去。六岁时，我就跟着妈妈去茶园开始采茶。我是看着所有这些运转着的制茶机器长大的。当我的父母参加茶艺比赛时，我为他们加油。茶融入到了我的血液里。我接手家族企业，是很自然的事情。

我们以村为单位，把茶收了去，把非常厉害的一些炒制师傅召集起来。然后，会炒制的师傅专门做加工，会采摘的师傅专门去管采摘。最后（所得）我们再把它分成、分红。然后以村为单位，组建一个年轻的销售团队，我们通过线上进行销售。（这样）我们就把这个以村为单位的品牌树立起来了。

INTERVIEWS

黄丹丽将茶叶打包成快递

黄丹丽振兴龙井的计划，不仅包括她自己的家庭，也囊括了整个村庄。她致力于简化生产流程，建立合作社，通过村单位将茶青收集起来，有人专门负责炒制，有人专门负责采摘，各司其职，提高效率。同时她的销售团队，在线上渠道出售茶叶，每到春天，黄丹丽便走进茶园，通过网上直播，告诉顾客春芽的生长情况，拍摄茶农采茶的场景，还给大众科普如何区分真假西湖龙井。

黄丹丽在收集茶农们的茶青

黄丹丽对茶的热爱和蓬勃的企业家精神，也惠及了其他村民。自她回乡以来，家乡的茶叶销售量增长了一倍多。年长的茶农们不懂如何使用电子支付，黄丹丽就付给他们现金。作为感谢，村民们每天都会从他们的园子里摘下新鲜水果和蔬菜，送到黄丹丽的家里。茶农葛奶奶今年八十多岁了，炒不动茶，但是还可以采茶，每天采下的茶青都卖给黄丹丽家，因为黄家收茶的价格高。在她看来，黄丹丽帮助解决了村里老人的生计难题，也给了他们希望。

为了开拓新市场，黄丹丽还想引用茶和酒结合的方式，吸引更年轻的消费者，因为他们不会墨守传统。她还开发了茶文化旅游产品。吸引对茶文化感兴趣的城里人来亲眼看看龙井茶的采摘过程。

龙井茶与君度酒和糖浆调配

黄丹丽正在授课

黄丹丽还肩负起将茶知识传递给下一代的使命。她开办了西湖龙井公益培训，传播茶叶知识。对于许多学生来说，这是他们第一次品尝到正宗的龙井。口感柔和、清爽而又细腻。有兰花的香味，还有浓郁的回甘。没有一丝青草味、苦味或涩味。

清明在即，龙坞村的村民们邀请祖先品尝一年中最好的茶叶产品，并感谢祖先的保佑，保佑家庭在整个茶季能有好的收成。黄丹丽与家人将祭拜葬于茶园中的祖父和曾祖父，在她今年的祈祷中，黄丹丽请求祖先给予她力量，让她可以将家族珍贵而深厚的龙井茶传统，顺利地传承下去。

清明祭祖的龙井茶

阳光下的西湖龙井

　　西湖龙井的故事，也是所有茶叶的故事。茶文化因传统而立，绵延数千年，但茶之道也拥抱创新，不断改良，推陈出新，无限可能内蕴其中。二十一世纪，茶又开始了新旅程。

在本书的这些故事里，我们见证了茶的力量——凝聚思想、联通文化、传递情感，茶中美学意涵，交错如织。茶韵有灵，洞见丰富的精神世界。茶香如信，勾连不同文化交流互

鉴。茶成为创新和商贸的驱动力，人们的生计所依。爱茶之人满怀信心，迈向光明的未来。在将来，又会有更多故事，再重头接续。

图书在版编目（CIP）数据

一叶茶千夜话 / 咪咕著 . — 北京：中国轻工业出版社，2022.4

ISBN 978-7-5184-3873-0

Ⅰ . ①一⋯　Ⅱ . ①咪⋯　Ⅲ . ①茶文化—中国　Ⅳ . ① TS971.21

中国版本图书馆 CIP 数据核字（2022）第 023661 号

责任编辑：杨　迪　　　　　责任终审：劳国强　　整体设计：锋尚设计
策划编辑：张　弘　杨　迪　责任校对：朱燕春　　责任监印：张京华

出版发行：中国轻工业出版社（北京东长安街6号，邮编：100740）

印　　刷：北京博海升彩色印刷有限公司

经　　销：各地新华书店

版　　次：2022年4月第1版第1次印刷

开　　本：710×1000　1/16　印张：12.5

字　　数：200千字

书　　号：ISBN 978-7-5184-3873-0　定价：98.00元

邮购电话：010-65241695

发行电话：010-85119835　传真：85113293

网　　址：http://www.chlip.com.cn

Email：club@chlip.com.cn

如发现图书残缺请与我社邮购联系调换

211195S1X101ZBW